大气氮沉降

及其对生态系统的影响

方　琨　王道波　著

NORTHEAST NORMAL UNIVERSITY PRESS
WWW.NENUP.COM

东北师范大学出版社

图书在版编目（CIP）数据

大气氮沉降及其对生态系统的影响 / 方琨，王道波
著． — 长春 ： 东北师范大学出版社， 2019.6
ISBN 978-7-5681-5917-3

Ⅰ．①大… Ⅱ．①方… ②王… Ⅲ．①大气－氮－沉
降－影响－生态系－研究 Ⅳ．① X517② Q14

中国版本图书馆 CIP 数据核字（2019）第 120134 号

□ 责任编辑：初亚男　　　　□ 封面设计：优盛文化
□ 责任校对：汪　明　　　　□ 责任印制：张允豪

东北师范大学出版社出版发行
长春市净月经济开发区金宝街 118 号（邮政编码：130117）
销售热线：0431-84568036
传真：0431-84568036
网址：http://www.nenup.com
电子函件：sdcbs@mail.jl.cn
定州启航印刷有限公司印装
2019 年 6 月第 1 版　　2019 年 6 月第 1 次印刷
幅画尺寸：170mm×240mm　印张：12.25　字数：222 千

定价：56.00 元

前　言

　　自工业革命以来，随着含氮化肥的生产和使用及畜牧业等人类活动的日益扩大，人类向大气中排放的含氮化合物迅速增加，导致大气氮沉降的强度剧增。当大气氮沉降量超过了生态系统的需求，大气氮沉降就会给地球和脆弱的生态系统带来严重的威胁。氮沉降的剧增已经引起或将引起一系列生态问题，如植物生产力变动、土壤酸化、物种多样性降低、森林植被衰退等。因此，氮沉降引起了科学家和公众的广泛关注。研究人员通过分析大气化学传输模型的结果，认为中国及东南亚地区已成为继北美、欧洲之后的第三个氮沉降集中区。根据已报道的氮沉降量数据（如陕西关中为 16.3 kg·hm^{-2}·a^{-1}、华北平原为 28 kg·hm^{-2}·a^{-1}、江西鹰潭为 825 kg·hm^{-2}·a^{-1}）可以看出，我国的氮沉降量在时间和空间上存在很大的差异，随着我国工业化进度的快速增长，氮沉降量还将急剧增加并将对我国生态环境产生重要的影响。

　　本书从氮与氮循环的基本知识入手，阐述大气氮沉降的形成、基本特征、检测方法及空间分布，结合全球大气氮沉降的现状，探究大气氮沉降对生态系统的影响，包括大气氮沉降对生态系统碳氮循环的影响、大气氮沉降对森林生态系统的影响、大气氮沉降对草原生态系统的影响、大气氮沉降对农田生态系统的影响、大气氮沉降对水体生态系统的影响等，提出应对大气氮沉降的策略，以期能够全面认识氮沉降及其危害性并采取相应措施。另外，由于时间及作者能力所限，本书难免存在疏漏与不妥之处，欢迎广大读者批评指正。

目　录

第一章　氮与氮循环

第一节　氮的作用与影响

　　氮是一种化学元素，它的化学符号是 N，原子序数是 7。氮有两种天然同位素，即 ^{14}N 和 ^{15}N。它们是稳定性同位素，即没有放射性、不会衰变的同位素。^{14}N 和 ^{15}N 的原子百分数分别为 99.64% 和 0.36%。

　　氮元素的放射性同位素的半衰期都很短，其中半衰期最长的 ^{13}N 的半衰期只有 10.05 分钟。虽然 ^{13}N 的半衰期很短，但许多重要的生物化学实验是通过它来完成的。稳定性同位素 ^{15}N 是研究氮元素在生物体内和土壤中转化的示踪剂。^{14}N 与 ^{15}N 的相对原子质量不同，但它们在生物体内和土壤中的化学行为没有差异。因此，^{15}N 可以用作示踪剂。

　　什么叫同位素？质子数相同而中子数不同的同一元素的不同原子互为同位元素。任何一种元素的原子都是由带正电荷的原子核和带负电荷的电子组成的，一般情况下，原子核由质子和中子组成。元素在元素周期表中的位置由质子数决定，元素的质子数等于其在元素周期表中的原子序数。

　　氮位于元素周期表中的第 V 族，可以形成从负三价到正五价的化合物或原子团，如 NH_3、N_2H_2、N_2O、NO、NO_2、NO_2^-、NO_3^- 等。生物地球化学家们把氮分别与氢和氧形成的化合物称为 NH_x（$NH_3 + NH_4^+$）和 NO_x（$NO + NO_2$）。现在又出现了"NO_y"这个名词，它是"$NO_x + HNO_3 + NO_3^- +$ 气溶胶 $+$ 其他含氮氧化物"的总称，但不包括 N_2O。两个氮原子构成一个氮气分子，氮气是大气的主要成分之一，约占大气体积的 78%。

一、氮是地球上生命体的必需元素

　　地球生命是指地球上现存的生物。地球上的生物可分为动物、植物和原生生物等。氮是生物体的重要构成元素和维持高等动物、植物生命活动的必需元素。必需元素是指生物缺少此元素就不能正常生长发育，不能维持生命，而且此元素的功能不可由另一种元素代替。

生命必需元素有许多种，动物、植物的生命必需元素不完全相同，但氮是动物、植物共同的生命必需元素。

氮是生物体内蛋白质分子的构成元素，而蛋白质是细胞原生质的重要组成部分。氮也是细胞核中核酸的组成部分。核酸是脱氧核糖核酸（DNA）和核糖核酸（RNA）的总称。蛋白质和核酸两类生命大分子构成了今日地球生命的物质基础。氮也是生物体内各种酶的成分，又是生物体内和某些生物碱的组成部分。酶是一种大分子，每种酶都有专一性，某一生物化学过程缺少某种酶就不能进行。可以简单地将酶理解为生物化学反应的催化剂。

二、氮肥是农业增产的保障

土壤是作物生长的基础，供给作物水分和各种养分。作物从空气中得到合成碳水化合物所需的二氧化碳。作物的生长发育需要从土壤中获得多种营养，然而不是所有土壤都能满足作物对营养物质的需求。要想使作物高产，就必须向土壤中补充营养物质。一般的做法是将作物生长需要的营养成分制成肥料，根据不同作物的需求和土壤供给养分的能力，把肥料形态的营养物质及时加到土壤中，以满足某种作物对某种或某几种养分的需求，这就是常说的施肥。

作物最需要的营养成分是氮（N）、磷（P）和钾（K），习惯上把 N、P、K 称为植物营养的三要素。一般来说，土壤中的这三种营养物质的含量较低，土壤不能使作物高产甚至正常生长，因此，人们通过施肥的方法适时补充 N、P、K，为作物高产提供保障。其中，氮肥的需求量和增产效果均居首位。不同的氮肥、磷肥、钾肥中的 N、P、K 含量是不同的。为便于比较，可折合成纯养分来计算。全国化肥试验网得出的"每公斤 N 能增产 10.8 公斤粮食"的结论不是绝对的，这个结论是在施用磷肥和钾肥、采用灌溉技术、种植优质作物等情况下得出的。若这些条件发生变化，则氮肥的增产效果会随之变化。不管怎样，施用氮肥是增加农作物产量的诸多方法中最有效的一个。

植物只能利用两种形态的氮，一种是铵态氮，另一种是硝态氮。其他形态的氮需要被微生物转化成铵态氮或硝态氮后，才能被作物吸收、利用。如尿素 [$CO(NH_2)_2$] 被施入土壤后，要被尿素酶分解成铵态氮后才能被作物利用。

能为作物提供氮素营养的肥料分为两类：无机氮肥和有机氮肥。无机氮肥是通过化学方法合成的肥料，也称合成氮肥，简称"氮肥"。早期的合成氮肥品种主要有硫酸铵［$(NH_4)_2SO_4$］和硝酸铵（NH_4NO_3）。氨水（$NH_3 \cdot H_2O$）也可以直接用作肥料，价格便宜，但运输和施用都比较麻烦，因此应用并不普遍。现在增加了碳酸氢铵（NH_4HCO_3）、尿素等氮肥品种。碳酸氢铵因为制造工艺比较简单，曾是我国重要的氮肥品种之一。然而这种氮肥存在一些不足，如含氮量低、NH_3易挥发损失、肥效低，已逐步被淘汰。目前，国际上使用最广泛的氮肥品种是尿素，以及一些复合肥料（主要是氮和磷的复合肥料）。比较常见的氮磷复合肥料品种是磷酸一铵（$NH_4H_2PO_4$）和磷酸二铵［$(NH_4)_2HPO_4$］。磷酸一铵的含氮量约为 12.2%，磷酸二铵的含氮量约为 21.2%。复合肥料不同于混合肥料，复合肥含两种或两种以上的营养成分，如磷铵复合肥是有固定化学式的氮磷化合物。根据土壤和作物类型，人们把 N、P、K 肥料按一定的比例混合在一起，制成混合肥料。为便于施用，人们通常将混合肥料加工成小颗粒状。也可根据需要在混合肥料中加入硼、钼、铜、锌等植物必需的微量元素。

各种有机肥料也是作物的重要氮素来源。一些有机肥料含有少量铵态氮和硝态氮，成分主要仍是各种有机态氮。有机肥料不仅含有氮，还含有磷、钾元素和其他各种植物必需的营养元素。有机肥料的种类很多，常见的有机肥料是人和家畜、家禽的排泄物，作物秸秆和豆科绿肥。如上所述，植物只能吸收、利用铵态氮或硝态氮，有机肥料中的各种有机态氮只有经过土壤微生物的分解，转变为铵态氮或硝态氮后才能成为作物的氮素营养。然而，有机肥料中的有机含氮化合物不能都转化成铵态氮或硝态氮，只有小部分能转化成作物可利用的形态。有机肥料中的相当一部分有机含氮化合物会转变成不同稳定程度的土壤有机态氮而贮存在土壤中。

三、氮循环过程中产生的氧化物和氢化物是危及生态环境的有害因子

在氮循环过程中，通常会形成种类繁多的氧化物和氢化物，主要有 NO、N_2O、NO_3^-、NO_2^-、NH_3 和 NH_4^+ 等。氮循环是一种自然过程，在没有人为活动影响时，这些氧化物和氢化物的浓度和通量保持在自然背景水平，能被陆地生态系统所消纳，因此不会对生态环境产生严重影响。

然而，自工业化以来，随着人口的增长及工农业生产的快速发展，人为活化氮的数量急剧增长，严重扰乱了自然界氮的循环，使大气中 N_2O、NO 和 NO_2 浓度及水体中的硝态氮浓度急速增高，其中 N_2O 已被确认是重要的温室气体之一，与全球气候变化有关。不仅如此，N_2O 还会破坏臭氧层，增强地表紫外线辐射，增加皮肤癌的发生概率。NO、NO_2 都是形成酸雨的因素，酸雨对陆地和水生生态系统有危害，会导致土壤酸化。过量的硝态氮和其他形态的氮向水体迁移，导

致水体富营养化，影响饮用水质量。硝态氮摄入过量会导致高铁血红蛋白症，还有致癌的风险。氨挥发进入大气后通过大气干湿沉降返回陆地和海洋，成为 N_2O 的二次源，并且进入森林、草原、自然湿地和水体，改变这些生态系统的氮循环。

因为氮循环涉及人类生存环境和可持续发展，所以它已经成为全球关注的前沿性科学问题。

第二节　氮循环的方式——氮的转化和迁移

一、生物固氮

生物固氮是指自然界中不同微生物种群将空气中的氮气转化为氨的生物化学过程。具有这种功能的生物种群称为固氮生物。在地球表面，即土壤和水体（主要是土壤）中，广泛分布着有固氮能力的微生物及由这类微生物和一些植物所组成的各种类型的生物固氮体系。

（一）生物固氮的类型

概括来说，自然界各种类型的生物固氮体系可分为自生固氮、共生固氮和联合固氮三大体系。其中共生固氮、联合固氮都是固氮微生物同某些高等植物或低等植物联合在一起而表现出的固氮功能。

1. 共生固氮

（1）豆科植物-根瘤菌固氮体系

陆地上存在许多种共生固氮体系，其中豆科植物-根瘤菌是最普遍、最重要的一种。豆科植物约有 18000 种。据考证，豆科植物起源于一亿多年前的白垩纪的热带大陆。早在几千年前人类就知道豆科与非豆科植物轮作可以增产，但不知道增产的原因是什么。公元前 1 世纪，我国的古农书《氾胜之书》就有"瓜与小豆间作为宜"的记载。1838 年，法国农业化学家 Boussingault 根据农业化学分析结果，做出了三叶草与豌豆都可以从空气中取得氮素营养的论断，但未能揭示氮素增加的原因。1886 年，德国学者 Hellriegel 和 Wilfarth 证明了豆科植物的根瘤能够固氮，把种植豆科植物能增加土壤氮素与豆科植物的根瘤联系起来。

1888 年，荷兰科学家 Beijerinck 通过培养，成功地分离出了根瘤菌，证实了豆科植物能固氮的原因是其根瘤中存在根瘤菌。在土壤中的一种细菌入侵豆科植物的根部，为自己营造了一个"小作坊"，形状像肿瘤，因为长在根部，所以被称为根瘤，生长在根瘤中的细菌也因此被叫作根瘤菌。根瘤菌的种类很多，科学家们把其归在一起称为根瘤菌属，豆科植物成为它们的寄主。根瘤菌把空气中的氮气转化为氨，以供给豆科植物氮素营养，但这并不是无条件的。豆科植物也要把自己通过光合作用制造出来的部分碳水化合物供给根瘤菌，作为其工作的能量。不同豆科植物-根瘤菌固氮体系固定单位氮量所需要的碳水化合物的数量不同。几种主要豆科植物-根瘤菌固氮体系固定 1 毫克氮需要 4～7 毫克碳水化合物中的碳。就这样，豆科植物与根瘤菌之间建立了相互支持、相互依靠的共生关系。科学家们把这种类型的固氮称为共生固氮。

豆科植物的共生固氮是在根瘤菌中进行的，一定会有人问豆科植物的根瘤是怎样形成的。这是一个很有趣的问题。虽然不同豆科植物根瘤的形成略有差异，但一般情况下根瘤的形成有以下几个重要环节。第一，根瘤菌既要与豆科植物共生，还要执行固氮任务。因此，生长在根际周围土壤中的根瘤菌首先要入侵豆科植物根部的细胞组织。一般情况下，根瘤菌是从幼嫩根毛或成熟根毛分枝部分入侵的，入侵的部位靠近在根毛尖端。根瘤菌入侵根毛后，根毛常发生卷曲或分支，但也有不发生卷曲和分支的根毛。至于什么原因使被根瘤菌侵入的根毛变软和卷曲，已经有一些解释，但说法不一。第二，根毛被入侵后，根毛细胞分泌出的纤维素类物质很快形成入侵线，把根瘤菌包围在里面。根瘤菌入侵根毛皮层后，不断繁殖并转变为类菌体。入侵线不断伸长，根部皮层细胞大量增生，形成瘤状组织，突出于根部。此时，共生体之间的生理代谢发生明显变化，形成了一种豆血红蛋白，这表明根瘤已经成熟。豆血红蛋白是根瘤菌固氮必不可少的化学成分。

（2）非豆科植物-放线菌固氮体系

已经发现，自然界有些非豆科植物也能结根瘤。它们分属于桦、木麻黄、马桑、蔷薇、胡颓子和杨梅等科的 13 个属，有 138 个种能结根瘤，其中 54 个种的根瘤已确定能固氮。与放线菌共生结瘤的多数植物为野生林木，适宜生长于瘠薄环境，对提高森林土壤和干旱地区土壤的氮素营养具有重要意义。有人做过估算，对于 10 年树龄的沙棘林，每年每公顷可固氮 170 千克。沙棘是一种适于在干旱瘠薄地区生长的林木。

（3）萍-藻固氮体系

在水稻生长季节，在水田中放养绿萍（红萍）可以肥田，这是因为一种叫鱼腥藻的藻类植物能与绿萍（红萍）共生，构成萍-藻共生体，其有固氮作用。鱼腥藻生长在萍叶的叶腔内。共生固氮是在共生体的异形胞内进行的，异形胞的多少关系着固氮强度。虽然萍和藻都能进行光合作用，但鱼腥藻固氮所需的能量还是由寄主——绿萍（红萍）供给的。据估算，在一个水稻生长季，不同萍种每公顷固氮为 243～542 千克，这是增加水田氮素营养的一个重要途径。然而，绿萍（红萍）是通过孢子来繁殖的，其耐热和耐寒性差，存在越冬和越夏的问题，这使其在生产中的应用受到一定的限制。

共生固氮体系的固氮量大于自生固氮和联合固氮的固氮量。据统计，根瘤菌固定的氮约占生物固氮总量的 40%。然而，生物固氮受很多因素的影响，不同豆科植物的固氮量不同，同一种豆科植物在不同条件下的固氮量也有很大的不同。一般估算结果认为，一年生收籽的豆科植物的固氮量为每年每公顷30～100千克，多年生豆科牧草的固氮量为每年每公顷 100～190 千克。

2. 自生固氮

自生固氮是指自然界中有一类微生物不需要同其他生物共生，其能独立地进行固氮作用。土壤中自生固氮的细菌有 19 个属，按照它们对生存环境中氧的依赖和敏感程度可分为三类：好氧的（如固氮菌）、兼性厌氧的（如克氏杆菌）、厌氧的（如巴氏梭菌）。按其营养生活方式，固氮细菌可分为自养与异养两大类。自养型细菌是自养性固氮细菌，能以 CO_2 为碳源，自制有机碳化合物供养自己，不需要外界供应有机碳化合物。自养型细菌也称无机营养型细菌，根据它们合成有机碳化合物时利用的能源的来源，可分为光能自养型和化能自养型。光能自养型利用的是光能，化能自养型利用的是有机物代谢时释放的化学能。异养型细菌只能利用现成的有机碳化合物为营养，故也称化能异养型细菌。这些类型的划分不是绝对的，不少微生物是兼性的。如，一种嗜酸红假单胞菌在光照下能进行光能自养，在黑暗中进行化能自养。自生固氮细菌虽然能在氮素贫瘠、碳源丰富的环境中生活，但是自生固氮细菌的固氮量比共生固氮细菌的固氮量低得多。据估计，每年每公顷固氮量为 15～45 千克。

具有自生固氮作用的微生物除上述几类自生固氮细菌外，还有固氮蓝藻。它是既能进行光合作用，又能进行固氮作用的自养型固氮生物。固氮蓝藻的固氮过程是在一种叫作异形孢的细胞结构中进行的。固氮蓝藻能在不含氮化物的环境中，依靠自身的光合作用和固氮作用生长，能在陆地、淡水和海洋环境中生长，是地球上起源最早的固氮生物之一。远在 20 亿多年前，它就在地球上出现了。它是地球氮循环的最早启动者之一。目前已知的固氮蓝藻有 120 多种，比自生固氮细菌分布更广。固氮蓝藻最适宜生长在温热潮湿的环境中，广泛分布在热带沼泽、淡水湖泊和海滨。水田也适宜蓝藻生长。据估计，水田中的蓝藻每年可固氮

25~100 千克，这是水田土壤氮素的一个重要来源。

3. 联合固氮

自然界生物固氮的形式是多种多样的，除了自生固氮和共生固氮外，还存在一种形式的固氮，叫作联合固氮。一群有固氮能力的细菌集居于植物的根际、根表，甚至可部分进入根表细胞。集居的细菌利用植物的根系分泌物，而植物利用细菌固定的氮素或某些生理活性物质。植物与根际的细菌虽然有某种形式的联合，但不形成共生结构。因此，这种固氮形式不同于共生固氮，是在互利的基础上建立松散的"联邦"进行联合固氮。

联合固氮广泛存在于自然界。在许多禾本科植物（如玉米、甘蔗、高粱、水稻、小麦等）的根际都已检测到了联合固氮细菌和联合固氮作用。能进行联合固氮的细菌有拜叶林克氏菌、固氮菌、产碱菌、固氮螺菌、克氏杆菌和芽孢杆菌等。联合固氮虽然在自然界广泛分布，但不是任何一种固氮细菌和任何一种作物都可以进行联合。固氮细菌与植物根际的联合是有专一性的。联合固氮作用为非豆科作物提供一定氮素营养，是非豆科植物的氮素来源之一。由于缺乏测定联合固氮量的有效方法，目前难以对这种固氮作用的贡献做出定量评价。

（二）生物固氮机制

各种固氮生物如何把大气中的氮气（N_2）转变为 NH_3 呢？虽然生物固氮的形式有许多种，但它们的固氮机制是共同的。

固氮是还原反应、加氢反应，其简单的反应式为 $N_2 + 6e^- + 6H^+ \longrightarrow 2NH_3$ 或 $N_2 + 8e^- + 8H^+ \longrightarrow 2NH_3 + H_2$。

在工厂合成氨车间里，这个反应进行的基本前提条件是高温、高压及金属催化剂。然而，在固氮微生物的细胞里，这个反应在常温常压下就能进行。

从这个简单的反应式来看，必须至少解决以下两点才能把 N_2 还原成 NH_3：第一，要打开 $N \equiv N$，必须不断供给能量；第二，必须源源不断地供给电子。

在固氮生物的细胞里，这两个问题是如何被解决的？经过漫长的生物进化，自然界赋予小小的微生物一整套精巧的体系——固氮酶体系及使生物细胞固氮过程不断进行的保护体系。

固氮酶体系由两个不同的组分组成：一是钼铁蛋白，通常叫作组分Ⅰ；二是铁蛋白，通常叫作组分Ⅱ。钼铁蛋白的相对分子质量一般为 22 万左右，不同固氮菌分离出的钼铁蛋白的相对分子质量略有差异，可为 20 万～25 万。它是由 4 个亚基组成的四聚体，含有 2 个钼原子，24～32 个铁原子。铁蛋白的相对分子质量较小，一般为 6 万左右，范围是 5.7 万～6.7 万，由 2 个亚基组成，含有 4

个铁原子。钼铁蛋白和铁蛋白单独存在时不能固氮，只有同时存在才能固氮。组分Ⅰ可以结合氮分子，被认为是固氮酶的本体，称为固氮酶；组分Ⅱ不和氮分子直接发生关系，而起着激活电子、传递电子的作用，使固氮酶还原，称为固氮酶还原酶。这样，固氮酶体系实际上是固氮酶和还原酶两种酶的结合。

固氮微生物进行的固氮过程如下：N_2 在固氮酶和 Mg^{2+} 的参与下，获得三磷酸腺苷（简称"ATP"）供给的能量。当得到电子供应时，N_2 被还原转化为 NH_3。因此，在固氮生物细胞内进行的固氮过程可用下式表示：

$$N_2 + 8e^- + nMg^{2+} \cdot ATP + 8H^+ \xrightarrow{\text{固氮酶体系}} 2NH_3 + H_2 + nMg^{2+} \cdot ADP + H_3PO_4$$

氮还原所需的电子由电子供体提供。在光合细菌及蓝藻固氮时可由光合作用直接产生低电位的电子供体或间接利用光合磷酸化产生的低电位的 ATP 做供体；也可由碳水化合物通过无氧酵解或有氧呼吸的降解作用产生低电位的电子供体；或者由还原型烟酰胺腺嘌呤二核苷酸（简称"NADH"）和还原型烟酰胺腺嘌呤二核苷酸磷酸（简称"NADPH"）提供电子。传递电子的任务主要由铁氧还蛋白或黄素氧还蛋白承担。铁氧还蛋白是一类含有铁硫原子簇的小分子蛋白质；黄素氧还蛋白是另一种给固氮酶传递电子的电子传递蛋白，不含铁。

在生物固氮过程中，活化电子和还原分子氮所需的能量由 ATP 提供。ATP 是三磷酸腺苷，是在光合磷酸化和氧化磷酸化过程中产生的。铁蛋白结合 ATP 必须有 Mg^{2+} 参加，结合有 $Mg^{2+} \cdot ATP$ 的铁蛋白才能将电子传给钼铁蛋白。钼铁蛋白被还原至深度还原状态，与被还原的基质——N_2 结合，电子便由还原型钼铁蛋白传到 N_2。N_2 得到电子和由 ATP 水解放出的能量，联结两个氮原子的三键破裂，氮原子获得电子被还原成 NH_3。在这个过程中，还原型钼铁蛋白转变为氧化型钼铁蛋白，结合在还原型铁蛋白上的 $Mg^{2+} \cdot ATP$ 也随着电子的转移而水解生成 $Mg^{2+} \cdot ADP$ 和 H_3PO_4。随着电子转移和能量 ATP 的消耗，这个循环不断重复，使细胞内进行的 N_2 被还原成 NH_3 的过程持续进行。

为了确保在固氮生物细胞内固氮过程顺利进行，固氮生物的细胞内形成了一套保护体系，其中典型的是防氧体系。这是因为固氮酶（钼铁蛋白）和固氮酶还原酶（铁蛋白）对氧特别敏感，一旦接触氧，其活性立即丧失，并且不可逆。除了铁蛋白和钼铁蛋白需要防氧外，传递电子的铁氧还蛋白或黄素氧还蛋白在有氧的环境中也会自动氧化，失去传递电子的功能。各种固氮微生物都有自己的防氧体系。豆科植物根瘤中的豆血红蛋白的功能之一就是防氧，固氮蓝藻中的异形孢结构被认为起防氧作用。

固氮反应中会放出 H_2。放氢反应同 N_2 还原反应竞争电子，浪费能量，抑制固氮作用。然而，固氮生物细胞内的氢酶可把放出的 H_2 氧化。N_2 转化成的 NH_3

和环境中累积的 NH_3 会影响固氮酶的合成，从而抑制固氮作用。在固氮生物的细胞内，固氮过程产生的 NH_3 或外源氨在谷氨酰胺合成酶的作用下形成谷氨酰胺。谷氨酰胺在谷氨酸合成酶的作用下转氨基给 α-酮戊二酸，形成谷氨酸，减少了氨累积。但是高浓度的谷氨酰胺或氨基酸对谷氨酰胺合成酶有反馈抑制，限制了氨基酸的继续生成，影响固氮酶的合成。然而，固氮微生物可通过另一些能参与氨同化的酶，形成氨基酸产物，阻止氨抑制作用，调节固氮酶的合成。

（三）人们从生物固氮中得到的启示

工业化以来，仅仅依靠生物固氮已不能满足增产作物对氮素营养的需求。随着现代科学技术的发展和对生物固氮及固氮机制认识的深入，人们进行了新的反思：能不能利用转基因技术，把固氮基因转移到不能固氮的生物上，产生新的固氮生物种，扩大固氮范围，使人们能充分地利用自然的恩赐？也有人提出，能不能把豆科植物的共生固氮基因转移到禾本科植物上，因为人们目前种植的粮食作物（如水稻、小麦、大麦、玉米、高粱等）都是禾本科植物。

目前，固氮基因的转移已经取得了一些进展。1972 年，英国科学家将含有结合固氮基因 R 质体的肺炎克氏杆菌和大肠杆菌混合培养，进行自然杂交，肺炎克氏杆菌带固氮基因的质体被引进了大肠杆菌，创造出了有固氮酶活性的大肠杆菌，用来在缺氧环境中固定氮素。此后，其他科学家在固氮基因转移方面也取得了一些重要进展。

分离和提纯固氮酶及在固氮酶的相对分子质量、空间结构、活性中心结构等方面取得的进展，极大地鼓励科学家们对化学模拟生物固氮方面进行进一步探索。有人说过，化学模拟生物固氮的理论和现实意义不仅在于找到新的固氮方法，还在于：对固氮酶及其活性中心复杂结构和固氮机理的研究将对揭示生命起源做出贡献；模拟体的研究将加深人们对酶催化氮还原过程本质的认识；为新型催化剂的设计提供充分的实验依据，从而推动新兴科学领域的开拓。

二、土壤无机氮的植物同化

植物对土壤无机氮的同化是氮生物地球化学循环的一个重要环节。因为无机氮被植物同化后，形成了植物蛋白质，植物蛋白质进入食物链后，一部分转变为动物蛋白质，成为动物躯体的组成部分，一部分成为动物排泄物。动物死后的尸体及其排泄物经微生物分解后进入氮循环。

植物从土壤中吸收的氮主要是硝态氮（NO_3^-）和铵离子（NH_4^+）。虽然植物也可以吸收某些可溶性的有机态氮化合物（如某些氨基酸等），但数量有限，植物营养意义不大。

大多数旱地土壤中的无机态氮主要以硝态氮的形式存在，大多数旱作物主要吸收土壤中的硝态氮。水田土壤则相反，水田中的无机氮主要以铵离子的形式存在，其主体被吸附在土壤胶体表面，存在于土壤溶液中的含量很少，两者处于平衡状态。水稻以铵离子为营养来源。

虽然植物可以吸收硝态氮和铵离子，但硝态氮进入植物体内后必须还原为氨气才能被植物同化。硝酸盐的还原是在硝酸还原酶的作用下，按下列反应式进行的：

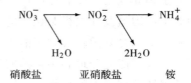

硝酸盐　　　　亚硝酸盐　　　　铵

植物氮同化和碳同化在植物体内是合流同步进行的，因此植物的光合作用和呼吸作用影响植物对氮的同化及转化。NH_3进入植物体内后，与植物的光合作用、呼吸作用的产物合成氨基酸和酰胺，然后合成蛋白质和植物生理功能所必需的其他各种氮化合物。

一般认为，高等植物体内形成谷氨酸可能是氨同化的主要途径。氨同化为谷氨酸包括两个步骤。首先是氨与α-酮戊二酸直接结合为α-亚氨基谷氨酸，然后由谷氨酸脱氢酶催化，在有还原态 NADH 存在的条件下形成谷氨酸。

植物体内多种多样的氨基酸是通过转氨基作用形成的，这类反应是在转氨酶的催化下进行的。多种氨基酸可做氨基的供体，其中最主要的是谷氨酸。在转氨基的作用下，谷氨酸可形成 17 种不同氨基酸，其中大部分是谷氨酸与草酰乙酸发生反应，形成酮戊二酸和天门冬氨酸。其他氨基酸如天门冬氨酸、丙氨酸，也可发生转氨基作用，这样，氮在植物体内就可形成多种氨基酸，如甘氨酸、丝氨酸、缬氨酸、组氨酸、亮氨酸、异亮氨酸、苯丙氨酸、酪氨酸等。植物吸收氨态氮较多时，氨就分别与谷氨酸和天门冬氨酸合成酰胺。大多数植物体内有较高浓度的谷氨酰胺和天门冬酰胺。

酰胺的形成在植物体内具有很重要的意义，酰胺不仅是各种含氮物质合成时的氮源，还可消除游离氨积聚过多而产生的毒害作用。在植物体内，NH_3同化并通过转氨基作用形成各种氨基酸后，进一步合成植物蛋白质。蛋白质是由各种氨基酸结合而成的。组成蛋白质的氨基酸一般有 20 种。一种氨基酸的氨基同另一种氨基酸的羧基结合可形成链状化合物，叫作肽。若许多氨基酸以这种方式结合，则称为多肽。植物的蛋白质一般由 300～3000 个氨基酸分子结合而成。植物体内不仅有蛋白质的合成，还有蛋白质的分解。在幼小的组织中，蛋白质的合成大于蛋白质的分解；在衰老的组织中，蛋白质的分解大于蛋白质的合成。

三、土壤中铵的吸附和矿物固定

铵是自然界特别是土壤中一种重要的活性氮的形态。它来自进入土壤的铵态氮肥或经转化可形成铵的氮肥，如尿素、土壤有机氮矿化形成的铵，大气干湿沉降中的铵，以及土壤矿物晶格中固定态铵的释放。铵不仅是植物可以直接吸收利用的氮素营养，而且是土壤氮素损失的源头（铵的挥发和硝化、反硝化），土壤中铵的转化关系到氮循环。

（一）土壤中铵的吸附

氨是氮和氢的一种化合物，化学式为 NH_3。铵是氨衍生出的 β_A 离子（NH_4^+），也叫铵根、铵离子。胺是氨分子中的氢原子被烃基取代而成的有机化合物。

土壤液相中铵离子（NH_4^+）的活度及土壤对铵离子的缓冲能力，决定土壤对铵离子的吸附和解吸特性。植物根系从土壤中摄取铵态氮的量、速率及其持续时间，以及土壤对来自化学肥料的铵离子的保持能力，都受到土壤对铵离子的吸附和解吸特性的制约。土壤对铵离子的吸附和解吸特性，直接或间接影响植物根系对铵离子的摄取，影响土壤中无机氮素的转化过程、无机氮的迁移及有机氮的矿化速率。

土壤对铵离子的吸附是指土壤体系中固相与液相界面上的铵浓度大于整体溶液中铵浓度的现象，属于库仑力吸引，可被中性盐溶液提取。土壤对铵离子的吸附是土壤能够保持铵离子的重要化学行为。

土壤对铵离子的吸附受多种因素的影响。首先，其与土壤胶体表面类型和性质有关；其次，土壤中矿质组分颗粒的大小影响土壤对铵离子的吸附量，吸附量随粒径的增大而急剧下降，土壤有机质的减少和土壤交换量的降低会使铵离子的吸附量下降。几乎所有的土壤组分及其活性的变化都能影响土壤对铵离子的吸附量。

（二）铵的土壤矿物固定

铵被固定在土壤层状硅酸盐矿物的晶格中，称为固定态铵。固定态铵是土壤氮素的组成部分，在某些土壤中是较重要的组成部分。铵的固定和释放是土壤氮循环中不可忽视的过程之一。黏土矿物是一些由硅氧四面体片和铝氧八面体片结合构成的晶质层状硅酸盐。按两种晶片的配比，可分为 1∶1 和 2∶1 两大类型。

2:1型矿物的晶片中，同晶置换作用产生的负电荷由晶层间和晶片外的各种阳离子（Ca^{2+}、Mg^{2+}、K^+、NH_4^+等）来平衡。NH_4^+的大小同上下两层晶片上的六个氧围成的复三方网眼的大小相符合。NH_4^+与晶片上负电荷间的静电引力大于自身水合能，易脱去水化膜而进入网眼中，然后被固定。其他阳离子或因离子半径较小，或因自身水合能比其与晶片上负电荷之间的静电引力大，不能被固定。固定态铵不能被中性盐提取，而必须经氢氟酸（HF）处理才能释放。土壤中的吸附态铵与固定态铵在一定条件下可以互相转化，在干燥条件下，铵从吸附态转化为固定态；在渍水条件下，固定态铵可因晶格膨胀而部分转变为吸附态铵。原来固定在矿物晶格中的NH_4^+也可与新进入的NH_4^+进行交换。

影响铵固定的因素很多，包括黏土矿物类型、土壤质地、土壤pH、铵的浓度、其他阳离子和有机质等。在这些因素中，最重要的是黏土矿物类型。只有2:1型矿物才能固定铵，高岭石、埃洛石等1:1型矿物不能固定铵。不同2:1型黏土矿物固定铵的能力不同。一般来说，蛭石的固铵能力最强，蒙脱石次之，伊利石的固铵能力取决于其风化度或钾的饱和度。不同土壤的固铵能力也因其黏土矿物组成的不同而不同。同一种土壤中，2:1型矿物越多，其固铵能力就越强。黏土矿物一般主要集中在黏粒和细粉砂级分中，黏粒和细粉砂含量越多的土壤，其固铵能力越强。

土壤的固铵能力随土壤pH的升高而增大，pH低于5.5时，固铵能力一般很低。铵的固定量一般随溶液中铵浓度的增大而增多，固定率随铵浓度的增大而减少。铵浓度对土壤铵的固定量的影响还因土壤不同而不同。其对固铵能力大的土壤影响大，对固铵能力小的土壤影响小。

在土壤干燥的过程中，铵的浓度逐渐增大，因此干燥有利于铵的固定，干燥使铵的固定量增大。干燥使矿物的晶片收缩，把铵包裹在晶层间隔中，而钾离子将与铵"竞争"固定位，因此，钾离子的存在将抑制铵的固定。长期大量施用钾肥是否会导致固定态铵的含量降低，这个问题目前没有定论。有机质可以阻碍铵进入晶层间隔中，也可以阻碍矿物晶层间距的缩小。因此，有机质能抑制铵的固定。

四、土壤无机氮的微生物固持和有机氮的矿化

土壤无机氮的微生物固持，是指土壤中原有的或进入土壤的铵和硝态氮被微生物转化成微生物体的有机氮。因此，它不同于土壤铵的矿物固定，也不同于铵和硝态氮被高等植物的同化。土壤有机氮的矿化，是指土壤中原有的或进入土壤中的有机肥和植物、动物残体中的有机氮被微生物分解而转变为氨，因此，这一过程又叫作氨化过程。

有机氮的矿化和矿质氮的微生物固持是土壤中同时进行的两个方向相反的过程：

$$有机氮 \underset{固持}{\overset{矿化}{\rightleftharpoons}} NH_3$$

它们的相对强弱受许多因素影响，特别受可供微生物利用的有机碳化物（即能源物质）的种类和数量的影响。当易分解的能源物质过量存在时，矿质氮的生物固持作用就大于有机氮的矿化作用，表现为矿质氮的微生物固持。矿质氮的微生物固持，实质上是铵被微生物利用并结合进入微生物体。这里有一个专门名词，叫作"微生物生物量"。旧的微生物生物量死亡，新的微生物生物量不断产生，死亡的微生物生物量很容易被分解，分解后释放的铵被植物和微生物再利用。据估算，土壤中这种微生物生物量氮一般不超过土壤全氮的3%。随着能源物质的消耗，固持速率逐渐降低。至转折点时，矿质氮的微生物固持速率跟有机氮的矿化速率相同，此时既不表现为矿质氮的微生物固持，也不表现为有机氮的净矿化。此后，随着能源物质的进一步消耗，有机氮的矿化速率大于矿质氮的生物固持速率，从而表现为净矿化。

土壤有机氮的矿化具有重要的农业意义。在大量施用氮肥的情况下，农作物中积累的氮素约有50%来自土壤，在某些土壤中这个数字甚至可达70%以上。在作物生长期间，土壤能供应多少氮与土壤有机氮的微生物矿化和固持有关。土壤的供氮能力是科学施肥的理论依据之一。土壤对不同作物生长季节供应的氮量在不同国家和不同地区有很大的不同。我国科学家对南方地区水稻、小麦生长季土壤的供氮量进行了许多研究，认为土壤对水稻和小麦等主要作物的供氮量一般为75～150千克每公顷。这还不包括旱地作物和水稻从表土层以下吸收的氮量。然而，土壤供氮量是以不施肥区作物从土壤中吸收的氮量计算的，其中包含非土壤来源的氮量（如水田土壤微生物自生固定的氮量和雨水、灌溉水及种子带入的氮量等）。因此，土壤真正提供的氮量要比计算出的少。

有机氮是表层土壤氮素的主要存在形式。我们谈土壤有机氮的矿化时，会提及一些土壤有机氮的基本知识。到目前为止，没有一种方法可以不破坏土壤有机氮的组分而把不同化学形态的氮分离出来。科学家们在分离土壤有机氮时只能用酸水解的方法。通常，加热、水解6 mol的HCl，把它分成酸水解氮和酸不可水解氮两部分。加热、水解6 mol HCl得到的氮称为水解氮，可进一步分为氨基酸态氮、氨基糖态氮、酰胺态氮和未鉴定态氮等形态。但是，这些形态的有机氮的生物分解性仍不明确。

土壤中的有机氮如何转化为氨？科学家们常用土壤中的氨基酸、氨基糖和嘌呤、吡啶等有机含氮物质在多种酶的参与下分解释放氨的过程来表征土壤有机氮的矿化过程。

（1）氨基酸的矿化过程

氨基酸是由蛋白质和构成蛋白质的多肽分解产生的。蛋白质和多肽在蛋白酶和肽酶的参与下分解成氨基酸，氨基酸在氨基酸脱氢酶的作用下脱氨基形成 NH_3。

（2）嘌呤和吡啶的矿化过程

嘌呤和吡啶可由核酸形成。核酸在核酸酶的作用下转变为单核苷酸；在有 PO_4^{3-} 存在的条件下，核苷酸在核苷酸酶的作用下转变为核苷；核苷在核苷酶作用下转变为嘌呤和吡啶；在酰胺水解酶和脒基水解酶的作用下，嘌呤和吡啶转化成 NH_3。

（3）氨基糖的矿化过程

下面以 N-乙酰氨基葡萄糖为例来说明氨基葡萄糖如何在转化过程中释放 NH_3。N-乙酰氨基糖在 N-乙酰氨基葡萄糖激活酶和 ATP 的存在的条件下形成 N-乙酰氨基葡萄糖-6-磷酸酯，也可在 N-乙酰氨基葡萄糖脱乙酰酶的参与下，形成氨基葡萄糖。这两个组分在乙酰氨基葡萄糖-6-磷酸脱乙酰酶和氨基葡萄糖激活酶的作用下，形成氨基葡萄糖-6-磷酸酯。氨基葡萄糖-6-磷酸酯在氨基葡萄糖-6-磷酸酯异构酶的作用下释放出 NH_3。

五、土壤氮的腐殖化

全球土壤贮存的氮量已达 77000 Tg，成为全球活化氮的最大贮存库。活植物体中的氮贮量为 4000 Tg。活植物体的枯枝落叶中的氮进入土壤后成为土壤氮库的一部分，新生长的植物体中的氮也是植物氮库的一部分。

有机氮是土壤氮素的主要存在形式，占表层土壤全氮量的 85% 以上。土壤氮库实际上是以有机氮为主体的。土壤有机氮是土壤无机氮（NH_4^+、NO_3^- 及某些含氮气体）的源和汇。不包括土壤矿物固定态铵在内的土壤有机氮库的各个组成部分及它们的相互作用如图 1-1。

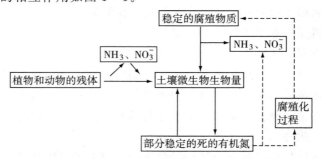

图 1-1　土壤有机氮库及其相互作用

有机残体腐解及其矿化释放出的无机氮（NH_3和NO_3^-），被微生物利用并结合进入微生物体，构成土壤微生物生物量。一部分微生物生物量氮可在微生物死亡后进一步转变成无机氮和较稳定的有机态氮，有机态氮可通过腐殖化过程进一步转变成稳定的腐殖物质。

土壤腐殖质的形成有几种理论。根据现代观点，土壤腐殖质的形成是一个多阶段的腐殖化过程。首先，包括木质素在内的所有植物聚合物分解成简单的单体。其次，单体被微生物利用，形成土壤微生物生物体。微生物生物量碳和氮的不断再循环形成新的细胞体。与此同时，活性单体通过聚合作用形成高分子量的聚合物。

通过施肥和其他途径进入土壤的无机氮，一部分被植物利用，一部分以气态形式逸出和以淋洗的方式分别迁移到大气和水体中，剩下的部分在土壤中经过一系列转化过程，以有机氮形态存在于土壤中，最终经过腐殖化过程形成土壤腐殖质。根据用^{15}N稳定性同位素做示踪剂的研究结果，施入农田的化学氮肥在第一季作物生长后约有 $20\%\sim40\%$ 以有机氮的形态存在于土壤中。下一季作物可以利用留存在土壤中的这部分有机氮的 $15\%\sim20\%$，在以后的时间里，可利用的有机氮量逐年降低。这是因为，进入土壤的化学肥料氮经过一系列的转化过程，最终变成了腐殖质氮，相对稳定地贮存在土壤中，构成土壤氮库。

六、硝化和反硝化

硝化和反硝化过程是自然界氮循环中的两个非常重要的环节。这两个过程既各自独立，又互相关联。反硝化过程的起始物质是硝态氮，硝态氮是硝化过程的产物。因为硝化过程的起始物是铵，所以硝化、反硝化过程与土壤有机氮的矿化过程有关。当土壤中硝化过程形成的硝态氮积累过量时，硝态氮可以随水迁移到地下水中。土壤反硝化过程形成的 N_2、N_2O、NO 和 NO_2 等含氮气体可以散逸迁移到大气中。因此，硝化和反硝化过程与陆地氮向大气和水体的迁移有关。

我们把固氮生物将大气的惰性氮 N_2 转变为活性氮 NH_3 的过程看作自然界氮生物地球化学循环的起点，硝化作用把铵转变为硝态氮，反硝化作用把硝态氮转变为 N_2，因此可以认为硝化、反硝化作用对实现氮循环过程有推动作用。

（一）硝化作用

什么是硝化作用？过去一般的定义为"硝化作用是化能自养微生物将铵氧化为硝酸盐的过程，亚硝酸盐是这一过程的中间产物"。后来发现，一些异养微生物能够把除铵以外的还原态氮氧化成亚硝酸盐和硝酸盐。因此，美国土壤学会于

1987 年提出把硝化作用定义为"微生物把铵氧化为亚硝酸盐和硝酸盐，或微生物引起的氮的氧化态的增加"的建议。这个定义比较全面地概括了土壤的硝化过程。

自养型硝化微生物将铵氧化为硝酸盐，并从中获得生存所需的能量。这一过程由两个连续又不同的阶段构成：第一个阶段是由亚硝酸细菌将铵氧化为 NO_2^-，第二个阶段是由硝酸细菌将 NO_2^- 氧化成 NO_3^-。亚硝化单胞菌属和硝化杆菌属是土壤中最主要的硝化细菌。硝化细菌具有自养的生理特点。它们不以有机碳化物为碳源和能源，而从 CO_2、碳酸或重碳酸中得到碳素，从氧化 NH_4^+ 或 NO_2^- 的过程中获得还原 CO_2 所需的能量，同时利用 CO_2、NH_4^+ 或 NO_2^- 合成自身细胞的全部体质成分。在一般情况下，亚硝酸被氧化成硝酸的速率远大于铵被氧化成亚硝酸的速率。因此，土壤中亚硝酸态氮的含量极低。

自然界中的一些真菌、细菌和放线菌等异养微生物也可进行硝化作用。它们不需从铵氧化的过程中获得能量。一些异养细菌能在含铵盐的培养基上产生微量的 NO_2^-，某些真菌能在培养基中氧化 NO_2^-，还有少数细菌（如节杆菌、真菌、黄曲霉及一些其他曲霉）能在铵盐为唯一氮源的条件下产生硝酸。异养菌将还原态含氮有机物氧化成氧化态或 NO_2^- 或 NO_3^- 的途径，有别于自养硝化细菌。异养菌的氧化能力虽然大大不如自养菌，但在土壤中异养菌的数量很多，对土壤硝化作用的贡献是不能忽视的。

土壤的硝化作用受许多因素影响，通气状况是首要的影响因素，但不是所有通气好的土壤都能进行硝化作用。土壤酸度对硝化作用的影响也至关重要。一般说来，在酸性环境中自养型硝化菌很少，硝化作用极其微弱。适宜自养型硝化菌生存的 pH 为 6.6～8.0，适宜亚硝酸菌中的亚硝化杆菌属生存的 pH 为 8.6～9.2。硝酸细菌适宜在 pH 为 6.6～8.0 的环境中生长。因此，在较强的碱性条件下，亚硝酸态氮的硝化过程受阻，土壤中出现暂时性的亚硝酸态氮积累。总之，硝化微生物适宜在中性和碱性的环境条件下生存。

土壤水分状况是影响硝化作用的又一个重要因素。土壤水分含量过高或过低都不利于硝化微生物的生命活动。硝化作用适宜的土壤水分含量为田间持水量的 50%～70%。因为硝化细菌是好气微生物，硝化过程是在通气良好条件下进行的氮素转化过程。如果土壤氧化还原电位低于 250 毫伏，那么自养型微生物进行的硝化作用就会受到阻碍。在厌氧条件下，即氧化还原电位低于 -85 毫伏时，只有异养型微生物能进行硝化作用。

在实验室培养过程中加入的有机质对硝化菌有抑制作用，在自然环境中则不同。在土壤中加入的有机肥料有利于硝化作用，这是因为有机肥料含有丰富的有机氮，有机氮通过矿化作用产生铵，增加了硝化作用的基质。另外，有机肥料可以促进土壤中自养型和异养型硝化微生物的繁殖，从而增强硝化活性，促进硝化作用。

土壤质地关系到土壤的通气性和透水性。壤质土壤的通气性和透水性好。自养型硝化菌为好气微生物，适宜在通气性和透水性好的土壤中生存。虽然砂土通气性和渗水性好，但砂土往往不易保持铵，缺乏硝化作用的基质，硝化速率较低。

（二）反硝化作用

土壤中的反硝化作用包括生物反硝化作用和化学反硝化作用，其中生物反硝化作用是主要的。在农田土壤中，由化学反硝化引起的肥料氮素损失不考虑。生物反硝化作用是在厌氧条件下，兼性好氧的异养微生物利用同一个呼吸电子传递系统，以 NO_3^- 为电子受体，逐步将 NO_3^- 还原成 N_2 的硝酸盐异化过程。由反硝化微生物进行的反硝化作用不仅可以在土壤中进行，也可以在江河湖泊的淡水体系和海洋水体中进行。

反硝化作用的化学反应式可用下式表示：

$$2NO_3^- \longrightarrow 2NO_2^- \longrightarrow 2NO \longrightarrow N_2O \longrightarrow N_2$$

从上面的化学反应式可知，一开始，NO_3^- 被还原成 NO_2^-，然后产生氧化氮（NO）和氧化亚氮（N_2O）这两个反硝化过程的中间产物，最终生成 N_2。反硝化过程中的气态产物可以从土壤或水体中直接排放到大气。

生物反硝化作用由反硝化细菌进行。然而，反硝化细菌不是细菌分类学上的名词，而是能将 NO_3^- 还原为 NO_2^-、NO、N_2O 和 N_2 的微生物生理群的总称。已知的在土壤中能进行反硝化作用的微生物种类有 24 个属，分别是不动杆菌属、葡糖酸杆菌属、微球菌属、假单胞菌属、螺菌属、噬纤维菌属、丙酸杆菌属、产碱杆菌属、芽孢杆菌属、莫拉氏菌属、无色杆菌属、棒杆菌属、红假单胞菌属、硫杆菌属、黄杆菌属、根瘤菌属、盐杆菌属、生丝微菌属、副球菌属、固氮螺菌属、黄单胞菌属、弧菌属、色杆菌属和亚硝化单胞菌属。从中可以看出，反硝化细菌广泛分布于细菌的各属之中，绝大多数反硝化细菌是异养型细菌，但有少数是自养型细菌。

反硝化微生物引起的反硝化过程是由反硝化微生物分泌的酶来催化的。然而，反硝化细菌的酶系统极其复杂。根据反硝化细菌将氮氧化物逐步还原成 N_2 的过程，可将其酶系统分为硝酸还原酶（$NO_3^- \rightarrow NO_2^-$）、亚硝酸还原酶（$NO_2^- \rightarrow NO$）、氧化氮还原酶（$NO \rightarrow N_2O$）和氧化亚氮还原酶（$N_2O \rightarrow N_2$）。大多数反硝化细菌具有将 NO_3^- 还原至 N_2 所必需的全部还原酶系统；有些反硝化细菌缺乏硝酸还原酶，只

能以 NO_2^- 为电子受体；一些反硝化细菌缺乏氧化亚氮还原酶，N_2O 是还原过程的末端产物；还有一些反硝化细菌虽具有氧化亚氮还原酶，但不能以 NO_3^- 或 NO_2^- 为电子受体产生 N_2O。

在反硝化过程中，国内外科学家发现了一个很有趣的现象：从土壤中分离出的一些反硝化细菌能把 NO_3^- 还原成 NH_4^+。这个过程一般称为"硝酸盐异化还原为铵"。进一步弄清楚这种硝酸盐的还原机制并找到调控的方法，不仅可以有效减少农业中氮素的损失，而且可以降低施用氮肥对环境造成的影响。

土壤中硝态氮的反硝化过程，不仅会引起农业中氮素的损失，每年给农民造成巨大的直接经济损失，产生的 N_2O 和 NO_x 还会影响大气环境。因此，科学家们一直在努力寻找控制土壤氮素反硝化损失的途径。近 20 年来，虽然学界已开发了多种硝化抑制剂，其中一些对减少 N_2O 释放有明显效果，但是对控制土壤氮素反硝化总损失有显著效果的抑制剂尚不多见。其中最主要的原因之一是土壤中能进行反硝化作用的微生物种群很多，催化硝酸盐还原的酶体系也很复杂。

为了能有效控制反硝化过程，科学家们很关注反硝化细菌适宜的生态条件。首先关注的是厌氧条件，因为反硝化作用是在厌氧条件下进行的。一般情况下，反硝化作用的强度与氧气在土壤空气中所占的比例呈反相关，即土壤通气状况越好，氧的含量越高，反硝化细菌的活性和反硝化作用就越受到阻碍。当然，不同菌株对厌氧条件的要求是不同的，有的菌株对厌氧条件的要求并不苛刻。

土壤中的水分含量与土壤中的氧含量呈反相关，水分含量带来的影响在很大程度上可视为氧带来的影响。反硝化细菌喜欢在水田、自然湿地和水体中生存，因此反硝化过程主要发生在水田、自然湿地和水体中。因为土壤中存在局部的、短时间的嫌气环境条件，所以旱地土壤也存在反硝化过程。反硝化细菌对环境酸度的适应性比硝化细菌好得多，可在 pH 为 3.5～11.2 的环境中生存，在强酸性到强碱性的环境条件下都可进行反硝化作用。一般来说，反硝化作用最适宜的 pH 范围为 7～8。因为绝大多数反硝化细菌是异养型，土壤碳源的供应状况也影响反硝化作用的强度。土壤水分含量、土壤氧供应量的各种农业措施，以及土壤无机氮肥、有机肥的投入和植物的根系分泌物等，都对土壤反硝化作用的强度有明显影响。

七、氨挥发

氨挥发是地球表面包括土壤、陆地、动物排泄物及水体中的氨向大气的排放的过程。氨挥发是氮循环的一个重要迁移过程。氨挥发不同于硝化-反硝化过程，在氨挥发过程中进入大气的氨有一部分可以由干湿沉降的途径返回地表。过去，人们对氨挥发后果的认识一直局限于农业中的氮素损失。然而，氨挥发和沉降与环境问题关系密切。进入大气的氨是大气中气溶胶的成分之一，大气中的气溶胶又与气候变化有关。虽然煤烟对地表有增温影响，但人为活动形成的气溶胶对气候影响的净效应使地表趋冷。进入大气的氨在光化学反应的驱动下与大气中的羟基反应，消耗羟基，而大气中的甲烷（CH_4）主要通过与大气中的羟基发生光化学反应而被除去。因此，氨挥发影响大气中甲烷的氧化。沉降到地面的氨虽然可以增加土壤有效态氮，对植物有利，但又成了 N_2O 的二次源，增加了 N_2O 的排放量。沉降到水体的氨将增大水体富营养化的潜力。因此，氨挥发和沉降受到了广泛关注。

影响氨挥发的因素很多，主要因素是土壤性质、气象条件和农业技术措施。

（1）土壤阳离子交换。土壤阳离子交换量取决于土壤的黏土矿物类型和黏粒含量，以及有机质的含量。有机质含量高或阳离子交换量大的土壤，对铵离子的吸附能力较强。这将有利于降低液相中铵离子的浓度，减少氨挥发损失。

（2）土壤 pH 和碳酸钙含量。pH 是影响氨挥发的重要因素。随着 pH 的升高，液相中氨在铵和氨总量中的比例升高，氨挥发的潜力也增大。当 pH 小于 7 时，氨占铵态和氨态氮总量的 1% 以下，氨挥发很少。当 pH 大于 7 时，氨挥发随 pH 的上升而增多。对于旱作土壤来说，土壤 pH 直接影响氨挥发，氨挥发随土壤 pH 的上升而增加。

与 pH 有关的另一个因素是土壤缓冲能力。每挥发一个 NH_3，就释出一个 H^+。因此，如果没有缓冲物质，pH 将迅速降低，氨挥发也随之逐渐停止。土壤中碳酸钙或其他缓冲物质，消耗了氨挥发后产生的 H^+。如果 pH 能维持较高的水平，那么氨挥发将持续进行。

（3）温度。温度对氨挥发的影响是多方面的。温度升高能增加液相中氨在铵和氨总量中的比例，能增加氨在气相中的比例。氨和铵的扩散速率随温度的上升而增加。因此，温度越高，氨挥发速率越大。温度升高将促进尿素水解，使液相中铵和氨的浓度增高，从而促进氨挥发。

（4）风速。氨挥发随风速增大而增强，较大的风速能使溶液进行比较充分的机械混合，从而使表层溶液中的氨得到下层铵和氨的迅速补充。

（5）土壤水分状况。旱地土壤含水量是影响氨挥发的一个重要因素。氮肥的溶解、尿素的水解等都需要水的存在。土壤水分含量很低时，氨挥发受阻。土壤水分含量过高时，稀释作用可降低液相中铵态氮的浓度，从而降低氨挥发。水分对水田氨挥发的影响是田面水层的深度，同一条件下，田面水层浅，氨挥发损失大，反之则小。

（6）其他因素。农田土壤的氨挥发，除上述影响因素之外，还与土壤中铵的其他去向有关。铵是氨挥发和硝化、反硝化两个过程共同的源，因此，硝化-反硝化损失量大，则氨挥发量相对减弱；土壤氨挥发损失量大，则硝化-反硝化损失量相对减小。氨挥发损失量的大小也与作物生长阶段有关。例如，在水稻幼穗分化期施用氮肥，氨挥发损失比在水稻移栽时和分蘖初期施用时要低得多，一方面是由于幼穗分化期根系对氮的吸收能力比其他生长阶段强得多；另一方面是由于水稻营养生长达到了旺盛期，稻田荫蔽度增高，田面水的温度降低，风速减小。

氨挥发是农田土壤氮素气态损失的一个重要途径。氨挥发受许多因素的影响，如土壤、肥料类型、环境等。根据我国已有的研究结果，我们得到了一个结论：对于氨挥发损失，水田高于旱地，碳酸氢铵高于尿素，表施高于深施。在有利于氨挥发的条件下，氨挥发损失可高达施入氮肥量的 $40\%\sim50\%$。因此，从农业中的氮素损失和减少氮肥施用对环境造成的影响来看，寻求有效的控制农田氨挥发的对策是一个重要的课题。

第三节　人为活动对自然界氮循环的影响

一、人为活动改变了自然界的氮循环

人为活动是指工业和农业生产及人类对各种自然资源的开采和利用。在工业化以前，人类社会的主要生产活动是农业生产。作物的氮素营养来源有两个：一是种植豆科固氮植物和土壤中的非共生固氮微生物从大气中固定的氮；二是人和动物排泄物中氮的再循环利用。此外，闪电能把大气中的惰性 N_2 活化为 NO_x 形态的氮，其可随降水进入土壤，为森林和草原提供了一定氮素营养。那时我国还不能生产化学合成氮肥，由于工业水平有限，化石燃料消耗量很小，主要燃料是树木和农作物秸秆。某些生产部门利用水能和风能做动力，因此化石燃料燃烧产生的 NO_x 是微不足道的。然而，随着科学技术的进步，工业和农业产品逐渐丰富起来，人口数量逐渐增加，工农业生产和人类对自然资源的利用率越来越高，化石燃料消耗量逐渐增大，化学合成氮肥的使用量也增长很快，人为栽种的豆科植物面积也扩大了。水稻是高产作物，为满足迅速增长的人口对食物的需求，水稻的种植面积也扩大了。据科学家们估计，在工业化前，陆地上由自然生物固定的氮量每年约为 90～130 Tg，至 20 世纪 90 年代，人为活化氮量已超过陆地自然生物活化的氮量，达到每年 140 Tg。这使陆地每年进入地球系统氮量循环的氮比工业化前增加了一倍多，达到 230～270 Tg。

人为活化氮的来源有三个：一是化学合成氮肥，二是收籽豆科作物和豆科绿肥种植面积的扩大所增加的生物共生固氮量，三是全球水稻和甘蔗种植面积的扩大引起的土壤自生固氮和联合固氮量的增加。

人为活化氮量成倍增加的状况已改变了全球的氮循环过程。与工业化前相比，陆地向大气、河、湖、海湾和海洋迁移的氮量急骤增加。工业化前，每年从陆地向大气、河、湖、海湾和海洋迁移的氮的总量为 62 Tg。至 20 世纪 90 年代初，已达到年均 201 Tg。扣除工业化前自然水平下全球氮循环过程中陆地向大气、河、湖、海湾和海洋迁移的 62 Tg，氮的净增加量是工业化前（139 Tg）的两倍多。其中的增加量就是人为活化氮。

从陆地迁移到河、湖和海湾的氮是通过地表径流和土壤淋失进行的。工业化前，通过大气传输从陆地迁移到海洋的氮几乎为零。这就是说，在工业化前，陆地向大气排放的 NO_x、NH_3 很少，没有过多的 NO_x 和 NH_3 通过大气传输迁移到海洋，而在 20 世纪 90 年代初增加到年均 18 Tg。

20 世纪 90 年代初，从陆地排放到大气的氮（N_2、NH_3、N_2O、NO、NO_2 等）从年均 27 Tg 增加到年均 107 Tg。这些氮通过大气传输又重新分配到不同的生态系统中并影响生态系统的功能。如，森林生态系统不仅是全球 CO_2 的汇，也是全球 NO、NO_2、NH_3 和 NH_4 的汇。"汇"，在这里可以理解为"消纳"。也就是说，迁移到森林生态系统的这些氮化合物，在未达到对森林构成危害的浓度时，都可成为森林的氮素营养，促进森林植被生长。这一过程不仅增加了植物对氮的库存量，而且增加了森林植被对 CO_2 的消纳功能。

当过量的 NO_x 和 NH_x 被传输到森林生态系统并超过森林生态系统的消纳能力时，其中一部分 NO_x 和 NH_x 从森林生态系统中迁移到河、湖、海湾，降低了森林作为 NO_x 和 NH_x 的汇的功能。同时，NO_x 是酸雨的成分之一，过量的 NO_x 输入会加剧酸雨对林木的伤害。西欧一些国家已观察到森林地区不再是氮循环的汇，而成为氮循环的源，每年有大量氮从森林地区迁移到水体。

科学家们预测，到 2020 年，人为活化氮量将在年均 140 Tg 的基数上再增加 60%，达到年均 224 Tg。未来 20 年，人为活化氮增长的主要地区是亚洲地区，增长量将达到年均 56 Tg。未来人为活化氮增长的主要途径仍然是化学合成氮的增长、化石燃料消耗量的增加、豆科作物和水稻种植面积的扩大这三个方面。

全球人为活化氮量的增长，虽然有助于增加农产品产量，但势必给全球生态环境带来更大的压力，使与氮循环有关的温室效应、水体污染和酸雨等生态环境问题进一步严重。

二、氮循环与温室效应

什么是温室效应？这要从大气热平衡和地表热辐射讲起。驱动地球气候的能量是太阳辐射，气候是由大气热平衡控制的。据科学家们计算，注入地气系统的太阳辐射能为 $342\ W \cdot m^{-2} \cdot s^{-1}$，其中 31%（即约 $106\ W \cdot m^{-2} \cdot s^{-1}$）通过大气中的各种气体分子、气溶胶和云或地球表面的散射和反射返回外层空间，剩下的 69%（即约 $235\ W \cdot m^{-2} \cdot s^{-1}$）到达地表和近地层大气。地气系统输入的能量和输出的能量要保持动态平衡。为了平衡输入的能量，地表必须向空间辐射大致相同的能量。这一过程是通过发射太阳辐射电磁波的长波部分（即红外辐射）来实现的。大气中 99% 的氮气和氧气可以透过红外辐射，然而占大气体积分数不大的水蒸气、CO_2 和其他一些痕量气体（如甲烷、氧化亚氮和臭氧等），能吸收离开地表的热辐射或更高外层空间发射的热辐射，这些活性的气体被称为温室气体。因为它们吸收了地表的红外辐射，像毛毯一样覆盖在地表上空，起保暖作用。这种作用就像玻璃温室一样，即使在寒冷的冬天，只要有太阳，你走进玻璃温室就能感到其中温暖如春。

事实上，这些气体在大气中早就存在，温室效应也早就存在，科学家们把其称为"自然温室效应"。水蒸气和大气自然浓度的 CO_2 对自然温室效应的贡献分别为 $60\% \sim 70\%$ 和 25%。如果没有自然温室效应存在，那么地球上的年温差和日温差会很大，平均温度会很低，将不是现在的 $15\,℃$，而是 $-18\,℃$。这样低的温度条件不适宜人类生存。

既然如此，为什么人们现在又把温室效应看作一个全球性的重大环境问题呢？这是因为自工业化以来，大气中 CO_2、CH_4 和 N_2O 的浓度急剧增加。大气中 CO_2 增加的主要原因是煤、石油和天然气等化石燃料消耗量的增加和热带雨林大量砍伐后生物量的焚烧。CH_4 的增加原因主要是全球范围水稻种植面积的扩大和化石燃料、生物量的焚烧。N_2O 的增加原因主要是农田化学氮肥的投入量和动物排泄物数量的增加，以及化石燃料燃烧和生物量焚烧的增加。

工业化以来，人为活动的加剧大大增加了排放到大气中的 CO_2、CH_4 和 N_2O 的量，从而使其成为加剧温室效应的三种最主要的温室气体。这三种温室气体的寿命（即在大气中停留的时间）如下：CH_4 为 $12 \sim 17$ 年，CO_2 为 $50 \sim 200$ 年，N_2O 约为 120 年。以单位体积的物质的量为标准，比较 CO_2、CH_4 和 N_2O 使全球增温的潜力。若以 CO_2 为 1，则 CH_4 和 N_2O 分别为 24.5 和 320。因此 N_2O 使全球变暖的潜力最大，为 CO_2 的 320 倍。现在，大气中 CO_2、CH_4 和 N_2O 平均每年的增加量分别为 1.8 ppmv、$10\sim13$ ppmv 和 0.8 ppmv。

人为活动引起大气中温室气体浓度逐年快速增加，温室效应日益增强，科学家们把这种增强效应称为"增强了的温室效应"。据估计，在保持其他因素不变的情况下，如果大气中 CO_2 浓度增加一倍，那么地表温度将增加 1.2℃，考虑其他因素的综合作用，地表温度将增加 2.5℃。极地的冰雪将部分融化，导致海平面上升，将引起一系列后果。这当然还是理论估计，我们应持续监测和关注人为活动增强了的温室效应对今后全球气候的实际影响。

N_2O 是一种重要温室气体，是氮循环过程中产生的一种氮氧化物，大气中 70%～90% 的 N_2O 来自土壤，而且主要来自热带土壤和耕种土壤。土壤中的 N_2O 主要是通过硝酸态氮的微生物反硝化作用产生的。土壤硝态氮反硝化过程中产生的 N_2O 的量取决于许多因素，其中最主要的因素是土壤空气中氧的分压和土壤氧化还原电位，而土壤中氧的分压和氧化还原电位是由土壤水分状况决定的。如果土壤处于高度还原状态，那么 N_2O 的产量很少，NO_3^- 直接被还原成 N_2。

科学家们也已证实，土壤微生物进行的硝化过程可以产生 N_2O：

$$\text{有机氮} \atop \text{无机肥料氮}\searrow\atop\nearrow NH_4^+ \uparrow^{N_2O} NO_3^-$$

然而，硝化过程产生的 N_2O 比反硝化过程产生的 N_2O 少得多。

虽然 N_2O 主要产生于微生物驱动的反硝化和硝化过程中，但化学反硝化过程也可以产生 N_2O。主要的化学反应过程如下：

$$NH_2OH + HNO_2^- \longrightarrow N_2O + 2H_2O$$

即土壤中氮转化过程中形成的羟胺与亚硝酸发生反应，产生 N_2O。这一反应过程被认为是土壤化学反应形成 N_2O 的主要途径。此外，NO_2^- 与土壤有机质的某些组分反应可产生 N_2O。N_2O 也可通过土壤中羟胺（NH_2OH）分解而产生。通过化学反应产生 N_2O 的一个先决条件是土壤中必须有足够量的亚硝酸根（NO_2^-）积聚，而 NO_2^- 的积聚的条件是碱性的环境。在酸性土壤施用化学氮肥，可使局部施肥区域的 pH 升高，有利于 NO_2^- 的积聚，但局部环境中产生 N_2O 的量不多。

三、N_2O 与臭氧层的破坏及其后果

N_2O 在平流层的光化学反应中充当了重要角色：

$$N_2O + h\upsilon \longrightarrow N_2 + O$$

式中，$h\upsilon$ 是光量子的符号。

进入平流层的 N_2O 中约有 95% 是通过上述反应被消耗的，约 5% 的 N_2O 又与上述反应生成的 O 反应，生成 NO。

$$N_2O + O \longrightarrow 2NO$$

NO 可与 O_3 反应生成稳定态的二氧化氮和分子氧，消耗臭氧。因此，N_2O 是破坏臭氧层的元凶之一。

臭氧层是阻止紫外辐射到达地表的一道天然屏障。臭氧的消耗将使到达地表的自然辐射增加。有人估算，如果大气中 N_2O 的浓度增加一倍，那么将导致臭氧层破坏 10%，使到达地表的紫外辐射增加 20%。紫外辐射线的增加将对地球生命产生多方面的伤害。其不仅能导致地球上皮肤癌发病概率增加和动物视网膜受损，而且能导致作物产量降低。N_2O 不仅是一种重要的温室气体，还是消耗臭氧的"杀手"，因此人们应关注大气中 N_2O 的浓度。

四、氮循环与酸雨

酸雨已成为当今世界重要的环境问题之一。什么是酸雨？概括地说，酸雨是酸性沉积物的总称。它既包括酸性的雨、雾、雪、霜等形式的降水，也包括气态的酸性污染物。关于酸雨的酸度指标，国际上有不同的说法。一般以 pH 等于 5.6 为标准，凡 pH 低于 5.6 的雨水就认为是酸雨。

然而，雨水的酸度受地域性条件影响很大，即使在未受人为影响的自然条件下，空气中酸碱物质的含量也不尽相同。例如，海洋上空酸性气体较多，干旱陆地上空碱性尘粒较多。因此，不同地区降水的 pH 可能有很大不同，可以低于或高于 5.6。根据世界偏远地区的降水监测结果，美国全国酸雨问题专家组认为以 pH=5.0 为酸雨的基准指标更科学。有科学家指出，酸雨的判断不能完全根据雨水的 pH，还要测定雨水的化学组成。SO_4^{2-}、NO_3^- 和 Cl^- 是构成酸雨的主要成分，特别是硫酸根（SO_4^{2-}）。因为酸雨的酸度与降水中的一些阳离子（NH_4^+、Ca^{2+}、Mg^{2+}、Na^+、K^+ 和 H^+）等的浓度关系很大，所以分析雨水时也要分析这些阳离子的浓度，这样就可准确判断酸雨及其严重程度。

酸雨的形成主要是由大气中二氧化硫和氮氧化物浓度的增加引起的。排入大气中的 SO_2 和 NO_x 经过各种氧化途径转化为硫酸和硝酸，与雨水一起降到陆地和进入水体。NO_x 在酸雨的化学组成中扮演了仅次于 SO_2 的重要角色。排入大气的 NO_x 主要源于化石燃料的燃烧和植物体的焚烧。土壤（特别是农田土壤）和动物排泄物中的氮转化过程中生成的 NO_x 也进入大气。据估算，上述途径产

生的 NO_x 的量并不少于化石燃料燃烧产生的 NO_x。因此，酸雨不仅是人为活动影响下硫循环的一个环境后果，也是人为活动影响下氮循环的一个环境后果。

酸雨之所以受到人们的特别关注，是因为它对生态环境产生的后果是多方面的。如在德国和瑞典的一些酸雨区曾出现严重的林木死亡现象。酸雨可以影响林木生长，降低林木的生产率。pH 为 4.0 左右的降水可对小麦和大豆的叶子造成伤害，降低籽粒产量。酸雨对水体和水生生态系统也有严重的影响。酸雨可使淡水湖泊和河流酸化，使湖水中的鱼类数量减少，甚至导致一些鱼种消失。酸雨对生态环境的另一个重要影响是土壤酸化。土壤的严重酸化可引起一系列的物理、化学和生物性质的改变。土壤 pH 的降低将导致土壤有效养分淋失，土壤酸化可使土壤中铝离子的活性增强（铝离子对植物有毒害作用），也可使进入土壤的某些有害元素（如汞和镉）的活性增强。

酸雨不仅对土壤、森林和水体产生影响、造成危害，而且对建筑物、文物和金属材料有腐蚀作用，对以碳酸盐为主要成分的大理石制作的雕塑和建筑物的腐蚀尤为严重。酸雨会破坏大理石类石材制作的文物和建筑物表面的平滑，增加风、沙、雨、雪、温度等自然因素对文物和建筑物的侵蚀强度。例如，威尼斯的大理石文物表面和美国自由女神像的铜板表面都出现了酸雨侵蚀的痕迹。

五、氮循环与水体富营养化

什么叫作水体富营养化？任何自然水体（河、湖、海湾和海洋等）都含有一定浓度的氮、磷、钾、钠、钙、镁和各种微量营养元素。一般来讲，水体中这些营养盐的自然浓度都比较低，常成为水生生物生长的限制因素。然而，当水体中磷酸盐（PO_4^{3-}）的浓度达到 0.015 毫克磷每升及无机氮（$NH_4^+ + NO_3^-$）浓度达到 0.2 毫克氮每升时，藻类将异常繁殖，会迅速覆盖在水面，这种情况称为"藻华"，在河口、海湾等近海水域则出现"赤潮"。"藻华"和"赤潮"都是在不同水体中表现出富营养化的生物学特征。水体颜色是由占优势的"赤潮"生物决定的，如夜光藻、红色中缢虫等形成的"赤潮"呈红色，绿色鞭毛藻占优势时水体呈绿色，硅藻大量繁殖时水体呈褐色，毛丝藻大量生长的富营养化海域则为棕黄色。大面积的"赤潮"可以绵延几公里，一般呈带状或斑状分布。水体富营养化况状已常见于许多国家，近海"赤潮"在日本、美国等国家频繁发生，其已成为一个严重的环境问题。

水体富营养化的根本原因是过量的氮、磷等营养盐向封闭半封闭和滞流性水体及河口海湾的迁移和积聚。水体营养盐的来源是工业废水、生活污水、农田径流迁移的氮、磷，以及从农田淋洗出的硝态氮和水产养殖饵料、肥料的投入。大气干湿沉降氮的影响也不可忽视。富营养化水体中的磷在很大程度上来自生活污水，特别是合成洗涤剂。合成洗涤剂中的 PO_4^{3-} 是水体富营养化的"黑手"。

进入土壤中的磷一般与 Al^{3+} 和 Ca^{2+} 等阳离子结合，形成不溶或难溶的盐。因此，从农田土壤进入水体的磷主要通过径流随土壤颗粒一起向水体迁移。在一般情况下，它不可能通过淋溶途径进入水体，除非土壤可溶态磷已达到饱和状态。水体中磷和氮的浓度，特别是磷的浓度，是"藻华"和"赤潮"发生的限制因子。"藻华"或"赤潮"的发生除了与磷和氮营养盐的浓度有关外，还与水温、光照、溶解氧等环境因素有关，海湾水域"赤潮"的发生还与盐的浓度有关。"赤潮"的发生与藻类本身的生长发育阶段及其影响因素有关，如孢囊或休眠细胞的萌发、控制细胞生长和繁殖的各种因素，以及促进孢囊或休眠细胞形成的条件等。因此，不能仅从氮、磷营养盐浓度的高低角度来解释"藻华"和"赤潮"的发生。"藻华"和"赤潮"的出现是水体富营养化的一个生物学信号。出现"藻华"和"赤潮"的水域肯定已经富营养化，然而富营养化的水体不一定都有"藻华"或"赤潮"出现。

发生在浅水湖泊或水库中的"藻华"和发生在海水中的"赤潮"，虽然发生的环境条件和控制因子基本相同，但生物学种群、生物学表现和后果不完全相同。淡水水体中形成"藻华"的藻类种群相对比较单一，主要是蓝绿藻。据调查，形成"赤潮"的生物已达 120 余种。淡水湖泊的深度不能与河口和海湾相比，在一些水层比较浅的封闭性湖泊，一旦发生"藻华"，腐殖性植物残体会越积越多，其可演变为沼泽，最终干涸，变为草地。

"藻华"和"赤潮"的发生对水生生态系统产生严重的影响。它们覆盖水面，使射入水体的阳光减少，水面下的藻类及其他水生植物因此腐烂，水体中的溶解氧消耗殆尽，鱼类等水生动物无法生存。

有些"赤潮"生物，如许多种涡鞭毛藻，能排出大量的黏性物质，附着于贝类和鱼类的鳃上，使其窒息死亡。一种叫作裸沟藻的"赤潮"生物，能分泌对鱼类的呼吸中枢系统起障碍作用的毒素，可在短时间内致鱼死亡。一种叫黄色鞭毛藻的"赤潮"生物，能在其细胞外形成具有溶血作用的溶血素。

某些"赤潮"生物所产生的有毒物质能杀死鱼、贝类水生生物，人一旦误食了这类鱼贝，会有不良后果。如由腰鞭藻分泌的毒素对人的口腔、食道有刺激作用。美国南加利福尼亚海域"赤潮"中有一种生物，产生的毒素不排出体外，当它被鱼、贝类所食后，毒素转移到鱼、贝的卵中，这种毒素虽然不会对鱼、贝类海洋动物有明显的毒害作用，但对人体有毒害作用。

第二章 大气氮沉降

第一节 大气氮沉降的形成

一、氮限制理论

在生态系统中，人们普遍认为氮素是生态系统初级生产量的限制因子，这一点在大量不同生态系统的施氮控制实验及土壤营养梯度研究资料中被广泛证明。Howarth 认为以下三个过程可能是被营养限制的：（1）种群的增长；（2）净初级生产量；（3）生态系统净生产量。Vitousek 和 Howarth 提出的氮限制理论将特定过程的"营养限制"定义为"增加某种特定的营养元素能增加特定过程的速率或改变其终点"。他们把氮素看作生态系统初级生产量限制因子的原因有以下几点：

（1）生态系统氮和磷的根本来源及流动性存在较大差异。生态系统氮素的主要来源是大气中的氮气（N_2），但氮气很难被植物直接利用，而磷元素主要通过岩石的风化进入生态系统。因此，自然生态系统土壤发育过程中（特别是新成土中）必然会出现氮素缺乏的现象。另外，与磷元素相比，氮素更容易通过淋溶、氨挥发及硝化和反硝化作用从陆地生态系统中流失。氮元素从陆地生态系统向水生生态系统流失的比例更大。在很多温带河口与海岸生态系统中，磷元素主要通过磷矿化作用从沉积物中被释放出来，沉积物的反硝化是氮素从淡水湖泊和海岸生态系统中流失的主要途径。因此，与磷元素相比，氮元素更容易通过氮流从沉积物损失而逐渐耗尽，导致出现生态系统氮限制。

（2）氮元素和磷元素之间的生物化学差异体现在生态系统的水平上。有机体中的氮原子主要是通过碳氮键（C－N）与碳原子紧密结合在一起，形成构架或复杂形态，有机磷往往通过可溶性的磷脂键（C－O－P）结合在一起。植物根系、细菌、齿根、真菌和藻类都可以产生胞外磷酸酶，其能切割磷脂键。因此，有机氮和有机磷在组成、结构和分解过程等方面的差异，决定了有机体能较容易地获取自身所需要的磷元素。碳氮键的打开和有机氮的分解过程需要更多的酶参与且过程相对复杂，这也是生态系统氮限制的原因之一。

（3）有机体对氮和磷利用形式的差异会产生氮限制情况。在水生生态系统中，浮游生物所释放的磷元素大多以可溶性磷的形式排出，某些浮游动物对磷元素的更新和利用效率明显高于对氮元素的利用，氮元素更多地以难溶解的形式保留在排泄物中，导致循环过程较复杂。在陆地生态系统中，衰老叶片中磷元素的再吸收往往比衰老叶片中氮元素的再吸收更高效。研究表明，衰老叶片中磷元素的再吸收的某些过程主要依赖于磷元素本身，而衰老叶片中氮元素的再吸受其他因素的影响较大。

因此，与其他营养元素相比，以上各方面因素决定了氮素更容易成为生态系统净初级生产量和生态系统净生产量的限制因子。另外，在大多数未受人类干扰的自然生态系统中，植物生长所需的各种营养元素（包括氮素在内）主要经过分解作用转变为植物可利用的形式，因此生态系统内部的氮素循环相对较为封闭，即土壤中的氮素主要源于植物、动物和土壤微生物的死有机体。在人类活动的影响下，生态系统氮输入的过程已经由相对封闭的状态逐渐变为开放状态。目前，农田施氮与大气氮沉降量已经超过了自然过程的固氮量。生态系统氮输入的增加会对植物光合作用、有机碳的分解、植物碳的分配及生态系统碳氮耦合过程产生一系列影响。

二、施氮与氮沉降

人类活动的加剧，特别是化石燃料的燃烧、农田生态系统氮肥的大量使用以及畜牧业的不断发展等情况，加大了生态系统氮素的输入水平，使大气中氮化合物（包括 NO_x 和 NH_x）的浓度迅速增加。大气中的氮化合物会以氮沉降（包括干沉降和湿沉降）的形式重新进入地下生态系统，生态系统的氮输入量在不断增加。氮沉降较严重的区域主要集中在亚洲、欧洲和北美。虽然氮肥的使用促进了粮食的增产，在某种程度上缓解了全球人口持续增长的压力，但氮沉降引发了一系列严重的生态后果。因此，氮沉降及其对生态系统的影响受到了生态学界的广泛关注。自20 世纪 80 年代起，生态学家们就建立了氮沉降对森林生态系统影响的相关研究体系，设立了 Nitrogen Saturation Experiments（简称 "NITREX"）、National Acid Deposition Program（简称 "NTN"）等长期观测项目和网络平台，我国关于氮沉降对生态系统影响的相关研究也逐年增多。因此，与氮沉降有关的研究已成为国际生态学界和环境科学领域的热点方向，这些研究也必将在人类面对气候变化的挑战中发挥越来越重要的作用。

三、大气氮沉降的定义

大气氮沉降是酸雨的成因之一，可分为干、湿两种沉降。氮的湿沉降主要是 NH_4^+、NO_3^--N 及少量的可溶性有机氮通过降水迁移到地表；氮的干沉降主要是气态 NO、N_2O、NH_3、NHO_3，以及 $(NH_4)_2SO_4$ 和 NH_4NO_3，还有吸附在其他粒子上的氮在含酸气流的作用下直接到达地表。除了自然来源外，大气中氮化合物的主要来源是工业（NO_x）、化石燃料的燃烧（NO_x）、农田施肥和集约畜牧业（NH_x）。

研究表明，氮沉降是一种越境的大气行为，有一定的迁移性，各国产生的 NO_x 不仅给本国带来影响，而且 NO_x 能经过数千公里的迁移进入其他国家。它在大气层中的滞留时间大约是 1～4 天，平均迁移距离在几百千米至三千千米之间。NO_x 迁移并沉降到下风方向的生态系统中，在那里影响氮循环、淋溶损失和痕量气体的释放，这就是全球系统中氮的阶式或"跃迁"变化的根本例证。

"氮饱和"一词有诸多定义。Nillson 认为，当氮的供应增加且初级生产不再增加时就达到氮饱和。Agren 等人将这一概念用在氮流失长期超过氮输入的生态系统中。Tamm 定义"氮饱和"为初级生产者对氮的生理需求得到了满足，并且实现了明显的硝态氮淋溶。Aber 等人以欧洲和北美研究成果为基础，提出了氮饱和是指主要的生态系统过程氮输入增加的非线性变化系列，并指出氮饱和的主要标准包括硝态氮淋溶净消化作用及叶片氮含量的增加。他们还认为，氮矿质化及净初级生产力的先期下降等方面变化的测定可用于估测氮饱和的发展阶段，因为每个阶段都有不同的特定生态系统响应变量。

第二节　大气氮沉降的基本特征与监测方法

一、大气氮沉降的基本特征

大气氮沉降的基本特征一直受到国内外学者的关注，其中，沉降形态、过程、通量及时空变异一直是研究的重点，但早期研究都集中在湿沉降和沉降中的无机氮上，干沉降及沉降中有机氮基本特征方面的研究在现阶段还不够完善。同时，随着氮沉降量的不断增加，氮沉降对陆地和海洋系统产生的生态效应成为研究热点，学界展开了一系列的监测研究工作，其中临界负荷是评价生态效应的重要方法。

（一）沉降形态

大气氮沉降中氮素的形态分为无机态和有机态两种。无机态氮主要包括 NH_4^+、NO_3^-、NO_2^- 等水溶性离子及气态 NO_2、N_2O、NH_3 和 HNO_3 等。其中，硝态氮（NO_3^--N）和氨态氮（NH_4^+-N）为主要形态，前者主要来自石油和生物体的燃烧及雷击过程，迁移距离可达几千千米以上，后者主要来自土壤、肥料和家畜粪便中的 NH_3 挥发及生物质和化石燃料燃烧，迁移距离一般在一百千米以内。

有机氮沉降的组成比较复杂，一般分为三类：有机硝酸盐（氧化态有机氮）、还原态有机氮和生物有机氮。目前的研究主要集中在氮的湿沉降上，降雨中的水溶性有机氮约占总水溶性氮的 30%。以往研究一般只考虑无机氮沉降，因此氮的总量被低估。干、湿沉降中都存在有机氮，有机组分的来源比较复杂。大气有机氮的主要来源包括生物质燃烧、工农牧业生产、废弃物处理、填土挥发及土壤和动植物等直接向大气中释放的氮，还有一个重要来源是大气层中性质活跃的 NO_x 与碳氢化合物发生光化学反应的产物。

（二）沉降过程

大气氮沉降的主要沉降过程包括湿沉降、干沉降及隐形降水。

湿沉降包括雨除和冲刷两个阶段，前者在云中雨滴和冰晶形成过程中吸附周围的物质，后者在雨滴下落过程中携带空气中的物质降到地面。干沉降指在未发生降水时，大气中含氮物质受重力、颗粒物吸附、植物气孔吸收等影响由大气沉降到地面的过程，主要成分为 NO_2、N_2O、NH_3、少量 HNO_3、$(NH_4)_2SO_4$ 和 NH_4NO_3，以及吸附在其他粒子上的氮。隐形降水指当雾团与植物体表面接触时，较小的雾滴被枝叶截获并逐渐合并成大水滴，超过植被冠层的储水能力时降落到地面的过程。

湿沉降在森林生态系统中的主要表现形式为穿透雨，即通过冠层之间的空隙或与冠层接触后落到地面的湿沉降。降水经过冠层截获和蒸发后数量减少。降水冲刷冠层叶片和枝干等部位时会发生离子交换等作用，湿沉降中化学组分将发生变化，不同冠层截获吸收的氮素种类和比例差异较大。氮沉降较高地区的穿透雨中氮含量也较高，而氮沉降相对较低地区的冠层更倾向于保留氮素。

（三）沉降通量

氮沉降通量在不同地区存在较大差异。从全球范围来看，每年沉降到陆地和海洋生态系统中的氮分别达到 43.47 Tg 和 27 Tg。Goulding 等人在英国洛桑试验站长达 154 年的观测结果表明，氮沉降通量由 1843 年的 10 kg·hm^{-2}·a^{-1} 增长到 1998 年的 45 kg·hm^{-2}·a^{-1}。在德国中部地区，采用 ^{15}N 同位素稀释法连续 7 年（1994～2000 年）测得大气干、湿氮沉降通量合计高达（64±11）kg·hm^{-2}·a^{-1}。Zheng 等人对亚洲氮沉降量进行的估算表明，沉降到各生态系统的量从 6.0 Tg N·a^{-1}（1861 年）增加到 22.5 Tg N·a^{-1}（2000 年），涨幅近 3 倍，预计到 2030 年亚洲地区氮沉降总量将达到 37.8 Tg N·a^{-1}。

我国近年来经济的迅速发展，导致大量含氮化合物进入大气，高排放导致高沉降。Liu 等人汇总分析了 1980～2010 年我国混合氮沉降数据后发现，这期间沉降量从 13.2 kg·hm^{-2}·a^{-1} 增加到 21.1 kg·hm^{-2}·a^{-1}，其中，北方、东南及西南地区的沉降量在 2000 年后的 10 年间分别达到 22.6 kg·hm^{-2}·a^{-1}、24.2 kg·hm^{-2}·a^{-1} 和 22.2 kg·hm^{-2}·a^{-1}。更详细的数据表明，在经济较发达的华北平原，氮总沉降量高达 80 kg·hm^{-2}·a^{-1}，与氮沉降相对较高时期的英国和荷兰持平，远高于美国各地。

（四）时间变异

氮沉降通量在不同的时间尺度上会出现不同的变化趋势，其主要影响因素有排放源强度、气象条件、外来干扰等。在城市中，机动车尾气排放主要集中在一天中的上下班时间，NO_x 与 NO_3^- 排放量相应增加，导致其沉降通量上升，并与光照强度呈正比。氮沉降通量也会随温度、湿度的季节变化出现差异。夏季相对较高的湿度和冬季较低的温度使 NH_4NO_3 解离常数较低，导致这种颗粒态的含氮化合物很难向气态 NH_3 和 HNO_3 转化，颗粒态铵在大气中保持较高的浓度。农耕作业和燃煤供暖等活动也是导致氮沉降通量季节变化的重要原因。NH_3 的挥发强度会随肥料的施用而加大，这导致氮沉降量增加。受燃煤取暖的影响，寒冷地区秋季的 NO_x 通量明显上升，而温暖地区一般不会出现这种情况。科学家们在人为干预并长时间观测时发现，氮沉降通量会表现出明显的年际变化，如北京地区在奥运会期间的氮沉降量与往年相比明显减少。

（五）生态效应

早在 19 世纪 80 年代，随着对酸沉降的重视，氮沉降造成的生态效应问题引起人们的关注。Liu 等人综述了氮沉降增加对我国不同生态系统的影响，指出持续增加的氮沉降量会表现出正负两种不同的生态效应。对于贫瘠的低产田和入海口地区，氮沉降是一个持续的氮源，可增加其初级生产力。但过量的氮沉降会引起一系列的负面效应，如土壤的酸化、水体的富营养化，在增加土壤氮素淋溶风险的同时降低其缓冲能力。人们对森林、草地和农田生态系统进行长期监测后发现，氮沉降对植物生长、生物多样性及温室气体通量等指标有影响。在氮素为限制因子的森林生态系统中，增加的氮沉降量可以满足生长需求、提高养分利用率、刺激植物生长，但过量的氮素会引起养分失衡，破坏氮素新陈代谢，限制植物生长，改变生物多样性。在氮饱和的成熟森林系统中，氮添加导致土壤呼吸（CO_2 的释放）降低和 CH_4 吸收速率下降，使 N_2O 排放速率上升。草地生态系统的监测研究表明，增加的氮沉降可刺激植物生长，但过量的氮沉降会使生物多样性降低。在农业生态系统中，过量的氮沉降会导致产量减少及粮食品质下降。

（六）氮沉降临界负荷

临界负荷属于生态系统的固有属性，是对一种或多种污染物含量的评估，在未达到此值以前，该污染物不会发生显著的破坏效应。目前，在氮沉降领域应用较广泛的有经验临界负荷和营养临界负荷。

经验临界负荷即经过汇总分析以往关于氮沉降及其生态效应的报道，找出发生负面效应时的沉降通量，然后根据结果划分各自临界负荷等级。在欧美地区，经验临界负荷值的总结趋于完善，中国对这方面研究很少。有研究指出，中国的森林及草地氮沉降临界负荷值比欧洲自然值分别高 $10\sim15$ $kg \cdot hm^{-2} \cdot a^{-1}$ 和 $10\sim30$ $kg \cdot hm^{-2} \cdot a^{-1}$。

营养氮临界负荷指在不产生有害影响的前提下，被土壤接受的最大氮沉降量。当土壤氮淋溶浓度超过临界值时，可以认为生态系统将发生富营养化，此时的氮沉降量为营养氮临界负荷。中国土壤氮沉降营养临界负荷的分布总体上呈自西向东逐渐增加的趋势，青藏高原和内蒙古西部、新疆东部等地区（温带、亚热带高寒草原、温带高寒矮半灌木荒漠和温带矮半灌木荒漠）的营养氮临界负荷小于 6.0 $kg \cdot hm^{-2} \cdot a^{-1}$，超过我国国土面积三分之二的地区营养氮临界负荷小于 14.0 $kg \cdot hm^{-2} \cdot a^{-1}$。

测定营养氮临界负荷的常用方法有稳态法和动态模拟法。稳态法常用于计算各系统酸沉降的临界负荷，其基本原理是土壤中长期产生碱度和长期输入酸度间的静态质量平衡，主要方法包括简单质量平衡（简称"SMB法"）法和多层模型法。这两种方法的基本原理相同，区别在于前者仅考虑系统边界的性质，后者多研究土壤各层的性质。相对于稳态法，动态模拟法可以模拟在一定沉降量下，生态系统化学状态随时间的变化趋势。然而，该方法的准确性主要取决于输入参数的准确性。该方法需要的参数数量较大且不易获得，这一点限制了该方法的推广。

用 SMB 法计算氮沉降营养临界负荷的做法在目前较普遍，基本方程为

$$CL = N_i + N_{up} + N_{de} + N_{le,crit}$$

式中：CL 为氮沉降营养临界负荷；N_{up} 为植被对氮的吸收速率；N_i 为土壤中氮的矿化速率；N_{de} 为氮的反硝化速率；$N_{le,crit}$ 为临界氮淋溶速率。各参数的确定主要基于参数计算公式和长期平均值。

SMB 法在使用时存在若干局限性：（1）运用此法的关键在于各参数的确定，但资料的缺乏和客观条件的限制使这一环节存在不确定性；（2）全国尺度范围的临界值划分无法具体地指导各地区的氮沉降控制；（3）SMB 法建立在稳态且整个土层为均质的假设基础上，与事实相差较大，无法模拟生态系统中复杂的动态过程。为了更精确地模拟氮沉降对土壤性质的影响，最好应用多层稳态模型或动态模型，但这些方法所需参数太多，目前无法实现。

二、大气氮沉降的监测方法

监测干、湿沉降是大气氮沉降研究工作的重点，获取有效的监测数据是大气环境研究的热点问题。自大气氮沉降研究工作开始至今，学界已积累了多种野外采样、室内测定及源解析的方法。随着技术的发展，监测水平逐渐提高，监测站网络不断完善，这对促进大气氮沉降研究、改善空气环境质量有重要意义。

（一）采样方法

目前，监测大气氮沉降使用的采样方法有主动式和被动式两种。主动式采样方法监测所得的数据的准确性、有效性和时间分辨率等较好，但在实际监测中的应用性较差，使用范围有局限性。从便于大尺度采样及不同区域研究比较的角度看，被动式采样方法更实用。

1. 湿沉降

最初用于气象降水观测的雨量器简单易用、价格低廉，时至今日仍广泛应用于大气降水化学分析采样。敞口容器在实际收集大气湿沉降时会混入部分干沉降，应称为混合沉降。降雨降尘自动采样器可对干、湿沉降进行独立收集。发生降水时，传感器控制打开湿沉降收集器收集湿沉降样品，平时打开干沉降收集器收集干沉降样品。Liu 等人在北京地区分别利用雨量器和自动降雨降尘采样器于相同的时间和地点收集混合沉降和湿沉降，结果表明，前者得出的 $NO_3^- \text{-}N$ 和 $NH_4^+ \text{-}N$ 的沉降量都大于后者。

上述方法在大尺度长期监测中费时费力，样品易污染变质。Fenn 等人在

2002年开始尝试用离子交换树脂法采集样品，因为离子交换树脂中的交换官能团能将降水中的 NH_4^+、NO_3^-、NO_2^- 固定在树脂中带异电荷的官能团上，增强稳定性。采集装置如图 2-1 所示。采样结束后离子树脂可用钾盐溶液浸提，测定浸提液中含氮物质浓度，结合采样装置中的漏斗口面积便可计算氮沉降通量。该方法无须考虑降水次数和降水量，样品存储要求低，而且可以捕获云雾沉降，在暖湿地区的森林生态系统中测定的结果比传统方法更真实准确。但该方法对环境温度有一定要求且不能完全收集湿沉降中的有机态氮，测得的氮沉降通量值偏低。另外，长时间暴露会使其有机高分子化学基团分解出 NH_4^+，使 NH_4^+ 的测定结果偏高。因此，在进行长时间野外监测时，需特别关注树脂的使用寿命。

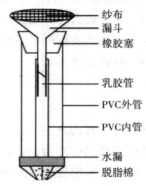

纱布
漏斗
橡胶塞

乳胶管
PVC外管
PVC内管

水漏
脱脂棉

图 2-1　离子交换树脂法装置原理示意图

2. 干沉降

（1）替代面法：这是一种常用的直接测定干沉降的方法。用该方法收集样品时，一般要保持集尘缸内有 5 cm 高的蒸馏水，遇降雨封盖，雨停揭盖继续收集，采样结束后，将缸内水样用微孔滤膜过滤，测定水样体积和氮素含量。在测定林内大气氮素干沉降时，可以用优势种叶片作为代用面，将采集的叶片放入交换液中清洗，通过测定清洗液浓度和叶片面积，获得氮素干沉降通量。替代面法仅能收集直径小于 2 pm 的重力沉降部分，不能收集气体和气溶胶等自然沉降，因此得出的干沉降通量一般偏低。

（2）差减法：通过同时使用口径一致的总沉降采样器（一直暴露在大气中）和湿沉降采样器（降水发生时暴露）取样，计算二者差值得到大气氮素干沉降通量。

（3）推算法：分别测定含氮物质浓度和沉降速率，进行计算：$F_d = c_a \cdot v_d$。其中：F_d 为大气氮素干沉降通量；c_a 为气体、气溶胶粒子的氮素浓度；v_d 为干沉降速率。

此方法需要考虑大气的稳定度和下垫面的粗糙度特征。该法相对简便、准确，已被广泛用于干沉降通量观测和大气物质流动相关模型的干沉降通量计算中。

（4）微气象法：该方法包括空气动力学梯度法、涡度相关及松弛涡度累积法等。该类方法需要使用者具有较好的数理基础，仪器使用费和维护费昂贵，实际监测时应用较少。

（5）串级过滤器采样法：串级过滤器能实现对气溶胶和气体污染物的收集，但无法准确分辨某些气态和气溶胶态中的活性氮组分。英国生态与水文中心改进的扩散收集器弥补了串级过滤器的这一不足之处，称为 DELTA 系统。该系统的三个主要部分——碱性、酸性及酸碱串联过滤器，可分别收集大部分酸性、碱性气体及气溶胶，如图 2-2 所示。

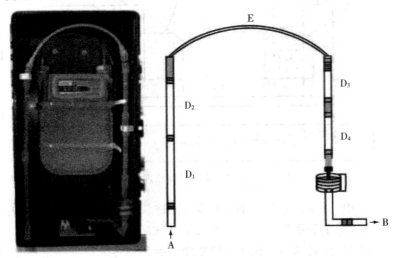

图 2-2　DELTA 扩散收集器原理示意图

在图 2-2 中，A 表示进气口；B 表示出气口；C 表示串联过滤器；E 表示低密度聚乙烯管，使空气绕过 DELTA 外部保护箱；D_1、D_2 表示扩散收集器 1 和 2，其经碱浸泡处理，用于吸收 HNO_3、SO_2 和 HCl 等气体；D_3、D_4 表示扩散收集器 3 和 4，其经酸浸泡处理，用于吸收 NH_3。

3. 总沉降

（1）综合定氮系统。本系统通常以盆栽试验为平台，用含 ^{15}N 的营养液标记接受系统（土壤-植物系统），在大气氮沉降进入系统后，通过 ^{15}N 同位素稀释技术直接计算大气氮沉降通量。如图 2-3 所示，此系统属于半封闭系统，能有效隔绝养分输出，可以同时综合监测干、湿沉降、无机和有机态氮，以及植物地上部分吸收的氮。He 等人在华北平原地区运用该方法，分别以玉米和黑麦草为监测作物，测得氮沉降量分别为 83.3 kg·hm^{-2}·a^{-1}和 48.6 kg·hm^{-2}·a^{-1}。根据存在差异的主要原因是作物种类的不同，前者与长期定位施肥试验的研究结果（82.8 kg·hm^{-2}·a^{-1}）相似。

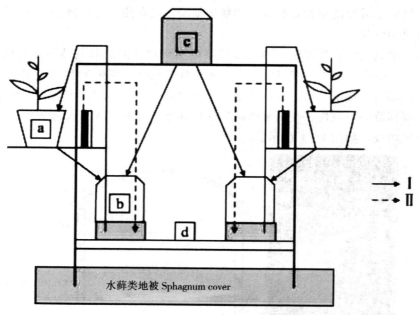

水藓类地被 Sphagnum cover

图 2-3 ITNI 系统试验原理示意图

在图 2-3 中，a 表示植物盆栽；b 表示液体缓冲槽；c 表示蒸馏水存储罐；d 表示汽车蓄电池；Ⅰ表示养分流向；Ⅱ表示空气流向（经活性炭过滤）。

（2）长期定位施肥试验。长期定位施肥试验是通过分析常年定性定量定点施用肥料地区的土壤和养分动态变化来评判施肥对农业生态系统影响的一种研究手段，其养分动态平衡公式为：作物吸收 N＝土壤本底 N＋施入肥料 N＋大气沉降 N＋灌溉输入 N＋生物固定 N－损失 N。该试验中，无肥区是常年不施用任何肥料的区域，此区域应无显著的灌溉和生物固定养分输入。研究表明，土壤氮库会在不施肥后数年（一般 5～10 年）达到动态平衡，因此可认为大气氮沉降是无肥区的唯一氮素来源，其公式为：年大气沉降 N 量（kg·hm^{-2}·a^{-1}）＝∑单位面积大气沉降 N 量、单位面积大气沉降 N（kg·hm^{-2}）＝作物吸收 N＝作物 N 含量（％）×生物量（kg DM·hm^{-2}），通过此公式可进一步估算出总氮沉降通量。运用此法测得德国 Halle 地区与英国 Rothemsted 地区每年的大气氮沉降量分别为 60 kg·hm^{-2}和 39 kg·hm^{-2}，后者与 Goulding 等人在该地区的研究结果

（$44\ \text{kg}\cdot\text{hm}^{-2}\cdot\text{a}^{-1}$）较接近。

（二）测定方法

大气氮沉降样品的主要测定指标有无机氮。全氮及有机氮，其中，前两种可以通过化学或仪器方法测定，目前还未发展出易操作、普及的直接测定有机氮的方法，主要用间接方法测定有机氮。

1. 无机氮

采集大气氮素湿沉降和干沉降样品后，可以通过测定液体中含氮物质的浓度来计算氮沉降通量。传统测定 NH_4^+ 的方法有纳氏试纸比色法、纳氏试剂光度法和靛酚蓝比色法，NO_3^- 测定采用双波紫外分光光度法和酚二磺酸光度法。随着技术的发展，离子色谱法和连续流动分析仪等方法也应用在监测中。

2. 有机氮

对于湿沉降中的水溶性有机氮，通常采用差减法和直接法两种方法进行计算：差减法是目前常用的方法，即将样品分为相等的两份，一份测定水溶性无机氮含量，另一份测总氮含量，然后将二者相减，得出湿沉降中有机氮含量；直接法是用质谱分析法来测定有机氮含量。利用差减法时，即使无机氮与总氮的测定误差很小，有机氮的最终结果与真实值之间也会出现很大偏差。相对于湿沉降，干沉降的测定相对复杂，需要通过化学方法对有机氮的种类加以区分，然后通过实验确定不同种类有机氮的沉降速率或根据无机氮的沉降速率进行推算，迄今为止还没有直接测定干沉降中有机氮的成熟方法。

3. 总氮

一般采用开氏法、过硫酸钾氧化法、紫外线光氧化法、高温燃烧氧化法测定总氮含量。以上方法的原理都是将样品中的含氮化合物全部转化为同一种无机氮，然后测定总氮含量。

（三）源解析方法

大气氮沉降中含氮化合物的源解析问题已经成为本研究领域的热点和难点之一。通过长时间的尝试和研究，学界已发展了多种源解析方法，但在实际研究中，只有用多种方法进行综合分析，才能得出准确的分析结果。

1. NH_4^+-N/NO_3^--N 法

此方法可以简单估算来源，NH_4^+ 是由 NH_3 转化而来的，主要来源是动物排泄物和肥料施用等；NO_3^- 的主要来源是工业化石燃料的燃烧。当 NH_4^+-N/NO_3^--N 值大于1时，表示此地区工业不发达，农业排放源占主导地位；若该值小于1，则结论相反。也可根据 NH_4^+-N/NO_3^--N 的季节变化来推断氮沉降的来源：在太湖流域，NH_4^+-N/NO_3^--N 在每年 6 月中旬出现峰值，此时正是水稻移栽后期，由此大致可推断出氮沉降的主要来源是稻田施用的基肥。

2. 向后轨迹分析法

向后轨迹分析法是研究氮沉降来源的有效方法之一。该方法可以反映降水前特定时间内影响监测点的气团轨迹，以分析源/接受点的关系，进而揭示污染物的可能来源。目前的研究通常采用美国大气海洋署提供的 Hybrid Single Particle Lagrangian Integrated Trajectory（简称"HYSPLIT"）模型。Kieber 等人运用向后轨迹分析法对美国东海岸监测点进行研究，结果表明 NH_4^+、NO_3^- 及氨基酸大部分来自人为源。比利时的海岸监测点研究结果表明，水溶性有机氮只有很少一部分来自海上气流，17%（冬季）～64%（夏季）都来自大陆。

3. 相关分析法

相关分析法指根据氮沉降中污染物与大气中其他组分在时间或空间上的关联性大小，推断污染物可能来源的方法。如在有机氮的来源问题上，许多在特定区域进行的研究项目已经尝试通过有机氮与来源已知的大气组分及气象条件的相关性来辨别有机氮来源，分析可能的来源有海洋、人为活动、生物质燃烧、化肥施用和土壤尘等。

4. 氮的稳定性同位素法

氮的稳定性同位素法是研究大气氮来源的比较准确的方法。干、湿沉降样品在测定 $\delta^{15}N$ 前，需经过物理或化学方法（如碱化、还原、蒸馏、沉淀等），将样品中的 NH_4^+-N 和 NO_3^--N 分离后各自转化为固态形式，便于上机。测定 $\delta^{15}N$ 时，一般将质谱仪与元素分析仪相连，计算公式如下：

$$\delta^{15}N\ (‰) = \{\ [\ (^{15}N/^{14}N)_{sample} - (^{15}N/^{14}N)_{std}\ ]\ /\ (^{15}N/^{14}N)_{std} \} \times 1000$$

式中，$(^{15}N/^{14}N)_{sample}$ 和 $(^{15}N/^{14}N)_{std}$ 分别为样品和以大气 N_2 为标准物的 ^{15}N、^{14}N 的原子之比。

NO_3^- 主要源于气态 NO_x 的转化。闪电产生的 NO_x 的 $\delta^{15}N$ 值在 0 左右。生物质燃烧和土地释放的 NO_x 有较大的负值，这是因为在此过程中 ^{14}N 优先挥发。人为源通常被分为固定源和移动源两种：固定源主要指发电厂等使用煤炭等燃料的固定地点，其产生的 NO_x 具有高 $\delta^{15}N$ 值（4.8‰～9.6‰）；移动源指机动车等移动的 NO_x 来源，其产生的 NO_x 的 $\delta^{15}N$ 值较低（3.7‰～5.7‰），甚至是负值（-13‰～-2‰）。

大气中的 NH_4^+ 主要由 NH_3 转化而来，按来源可将其分为两种：挥发性 NH_3 和热反应性 NH_3。前者的主要来源是动物排泄物或下水道污物、肥料、土壤的自然释放，后者主要产生于生物质和化石燃料的燃烧。挥发是一种单向的、伴随动力分馏作用的过程，其产生的结果是大量 NH_3 进入大气层。Freyer 分析了羊圈和家禽棚中的 NH_3，其 $\delta^{15}N$ 平均值为 $-15.2‰ \sim -8.9‰$。热反应中 NH_3 的同位素标记还未研究完善。现有数据显示，煤燃烧产生的 NH_3 的 $\delta^{15}N$ 值为 $-7‰ \sim 2‰$，平均值接近 $4‰$。分析从邻近闹市采集的气溶胶样品，机动车排放对 NH_3 可能有更大的影响，其 $\delta^{15}N\text{-}NH_4^+$ 值为 $(9 \pm 4)‰$。由此可见，热反应性 NH_3 的 $\delta^{15}N$ 值应该高于挥发性 NH_3。

氮素自身转化过程存在同位素分馏效应，使解析其来源变得复杂。如在 NH_3 挥发过程中，同位素分馏效应通常会产生 ^{15}N 贫化的 NH_3 和 ^{15}N 富集的 NH_4^+ 库，而反硝化作用也能够产生 ^{15}N 贫化气体，同时使剩余的 NO_3^- 库富集 ^{15}N。雨水冲刷对 NO_3^- 分馏作用影响很大，但影响程度目前还不清楚，这可能是导致在极地观测到 $\delta^{15}N\text{-}NO_3^-$ 值变异很大的主要原因。至于 NH_4^+ 同位素，观测到 ^{15}N 会被优先冲刷掉，导致连续降雨中 $NH_4^+\text{-}^{15}N$ 逐渐减少。

第三节　我国大气氮沉降的空间分布及其影响因素

由于受下垫面、降水、风速等条件的综合影响，不同时空尺度的大气氮沉降存在很大差异，具有显著的时空异质性。大气氮沉降受人类活动的影响很大。随着人口的增加和经济的发展，人类活动引起的含氮污染物排放量显著增加，这部分含氮污染物最终会以干、湿沉降的形式重新返回陆地表层系统。

一、我国大气氮沉降的空间分布情况

刘学军等人的研究显示，从全国范围来看，我国各省市的氮湿沉降（铵态氮和硝态氮湿沉降）大体上分为三个等级：高沉降区（大于 $25\ kg \cdot hm^{-2}$），如上海、北京、河南、山东、四川、重庆、江苏、浙江、江西等；中沉降区（$15 \sim 25\ kg \cdot hm^{-2}$），如河北、湖南、湖北、陕西、辽宁、福建、广东等；低沉降区（小于 $15\ kg \cdot hm^{-2}$），如云南、贵州、西藏、内蒙古、新疆、甘肃、吉林、黑龙江等。将各地区的经济发展状况联系起来分析，不难发现，经济越发达，当地的大气氮沉降量越高。这是因为经济发达地区往往是工农业相对发达和氮肥投入相对高的地区，人为活性氮的大气排放往往显著高于经济不发达地区。此外，我国西北干旱、半干旱地区的降雨量明显低于中东部地区，导致这些地区湿沉降带入的氮量相对较低，干沉降带入的氮量的比例显著高于南方多雨地区。同时，在我国北方地区（尤其是西北地区），每年冬、春季节干旱所导致的沙尘暴是干沉降的一部分，输入环境的氮量相当可观。

根据 EANET 公布的数据统计 2005～2010 年我国的无机氮湿沉降量，结果见表 2-1。由表 2-1 可知，2005～2010 年我国的无机氮湿沉降量变化较稳定，在不同的站点，NO_3^-、NH_4^+ 的湿沉降量有所波动，其中 NO_3^- 湿沉降量从 2005 年的 31.3 mmol·m^{-2}·a^{-1} 增至 2010 年的 39.6 mmol·m^{-2}·a^{-1}，增加了 26.5%。目前，我国中东部地区（尤其是华北平原）的氮沉降量已经高于北美任何地区的氮沉降量，与 20 世纪 80 年代（采取大气活性氮减排措施前）西欧地区氮沉降高峰时的数值相当。

在氮沉降的空间格局分布上，Liu 等人在 21 世纪初对我国大气中的 NH_3、NO_2 等含氮气体量进行了统计分析，结果表明大气中的含氮气体存在空间分布差异。我国的内陆河多分布于西部地区，同时内陆河所在地区往往海拔较高，当地生态环境较少受到人类活动的影响，因此，这些区域的氮沉降量普遍保持在较低水平。人们通过对天山乌鲁木齐河源区的长期监测发现，其年均氮沉降量为 5.92 kg·hm^{-2}，华北平原农田生态系统中由降水输入的年均氮沉降量可达 28 kg·hm^{-2} 左右。可见，我国不同地区的大气氮沉降量不同。近年来，氮沉降量有增无减，尤其在人为活动剧烈的地区，如珠江三角洲地区、长江三角洲地区等。

二、大气氮沉降的影响因素

影响大气氮沉降的主要因素有气象条件、下垫面状况和人类活动等。气象条件包括气温、降水及其频次和强度、风速和风向、太阳辐射等。其中，气温直接影响下垫面的水分蒸发和大气湿度，进而影响降水条件。例如，华北平原的大气氮素混合沉降主要取决于降雨量的大小，其氮素沉降的输入量与降雨量呈乘幂型正相关。降水频次和降水量强度对大气氮沉降的影响主要表现在沉降氮的累积上。王跃思等人为研究降水酸度和污染性化学成分随降水持续时间的变化规律，对比了累积样品和分时段样品的降水化学性质，发现在不同的降雨时段，离子浓度变化显著。风速和风向也对大气氮沉降有重要影响。风速会影响下垫面 NH_3 挥发等过程，风向决定大气氮源的输送方向。马志强等人对北京市与香河县大气中臭氧和氮氧化合物的变化进行分析，发现偏南风会使污染物大量积累，导致污染物浓度升高。太阳辐射会引起大气和下垫面热平衡发生动态变化，进而影响氮干沉降速率。此外，大气氮沉降的成分在很大程度上依赖下垫面和流域的特点，如地理位置、植被覆盖情况、人类活动等。当然，人类活动是大气氮沉降的重要驱动因素，主要表现为下垫面的改变，以及农业施肥活动、工业生产和生活中大量含氮气体或气溶胶的排放等。

第四节　全球大气氮沉降现状

一、国外氮沉降的现状

在全球范围内，人为排放产生的氮沉降主要集中在北美、欧洲、东亚及南亚等地区。人为活动导致北半球大面积的陆地接受的氮素沉降日益增加。1990 年，全球化石燃料燃烧排放的氮为 26 Tg，据预测，2020 年将达到 37 Tg，2050 年超过 500 Tg。工业化和现代农业正在增加对全球氮素循环的贡献，某些地区氮素的人为排放量已超过自然排放量而居主导地位。人们在远离人类活动的格陵兰岛南部进行冰核研究，结果表明在 1885 年到 1978 年间，氮和硫酸盐的沉降已增加了两倍。

年际大气变率引起 NO_x 沉降量的年变幅约为 6%～10%。在加拿大和美国，1985 年、1986 年、1987 年的 NO_x-N 干、湿、微滴沉降分别占人为活动排放量的 43%、30% 和 4%，其余 23% 输到境外，说明排放出来的 NO_x 大部分通过沉降而输入各种生态系统。

NH_3 的沉降模式受牧业强度和农业措施影响。1950～1980 年，欧洲 NH_3 排放量增加 50%，1980 年至现在的统计数字尚未见报道。NH_3 排放密度与雨水中的 NH_4^+ 浓度相关，NH_3 与其他环境污染物存在相互作用，其相关性复杂。实验表明，NH_3 和 SO_2 因碱性和酸性的特点而在干沉降过程中具有协同效应，这一效应会促进氮沉降。

北美和西欧的非城市地区的雨水分析显示，自 19 世纪中期以来，NO_3^- 的年沉降量显著增加，NH_4^+ 沉降水平相对稳定。北欧和中欧地区的研究也反映了 20 世纪 50 年代至 80 年代，雨水中的 NO_3^- 平均浓度明显增加，大多数地区的 NH_4^+ 平均浓度有所上升，少数地区的 NH_4^+ 平均浓度变化趋势不明显。总体来说，氮沉降已明显增加。

世界各地大气氮沉降的通量受氮的排放量支配，氮沉降与氮排放呈线性关系。目前，欧洲是污染最严重的地区，降雨中的 NH_4^+-N 平均浓度大于 0.9 mg·L^{-1}、NO_3^--N 大于 0.7 mg·L^{-1}，这种浓度向着污染较轻的地区逐渐下降。在大不列颠北部和斯堪的纳维亚中部，NH_4^+-N 约为 0.3 mg·L^{-1}，NO_3^--N 约为 0.15～0.30 mg·L^{-1}。欧洲大部分地区的氮沉降超过 10 kg·hm^{-2}·a^{-1}，在比利时、荷兰、卢森堡和中欧的一部分地区，氮沉降超过 30 kg·hm^{-2}·a^{-1}，欧洲边远地区氮沉降减少至 1 kg·hm^{-2}·a^{-1}。就森林的大气氮输入而言，目前中欧森林地区大气氮输入为 25～60 kg·hm^{-2}·a^{-1}，大大超过了森林的年需要量；在北美，森林地区大气氮沉降量一般为 2～40 kg·hm^{-2}·a^{-1}。

二、国内氮沉降的现状

随着我国经济的发展，城市化、工业化的速度在不断加快，同时，大气环境污染变得日益严重。气化学传输模型的结果表明，中国及东南亚地区已成为继北美、欧洲之后的又一氮沉降集中区。目前，我国大气氮沉降量为 5.1～25.6 kg·hm^{-2}·a^{-1}。从全国范围来看，大气氮沉降尤其是干沉降的通量尚未被系统地监测，因此氮素干、湿沉降总量可能被大大低估。即便如此，这些报道的氮沉降量也将给我国陆地和水生生态系统带来巨大的挑战。一个令人担忧的现状是，虽然我国学者对大气氮沉降进行了一定研究，但研究内容比较零散，尚未建立类似于美国的全国性氮沉降研究网络，这在很大程度上制约着我国大气氮沉降的研究进度。

我国大气氮沉降形势严峻，应引起全社会的关注。有研究显示，地处经济发达的珠江三角洲北缘的鼎湖山自然保护区，1989～1990 年和 1998～1999 年的降水氮沉降分别为 35.57 kg·hm^{-2}·a^{-1} 和 38.4 kg·hm^{-2}·a^{-1}，黑龙江帽儿山森林定位站降水氮沉降为 12.9 kg·hm^{-2}·a^{-1}。这些数字均高于或远远高于森林对氮的需求量（约 5～8 kg·hm^{-2}·a^{-1}）

目前中国存在的一些不合理的现象，如毁林开荒、农业用地过度扩展、化石燃料燃烧产物直接排放、化肥使用过度等。这些做法导致大气氮沉降问题日益突出。在中国，人为活动引起的含氮污染物质排放量在近几十年显著增加。

中国地域广阔，氮沉降（主要为湿沉降）状况因地而异，表现出极大的空间变异性。鲁如坤等人的研究显示，浙江金华地区降水带入土壤的氮素为 17.2～21.3 kg·hm^{-2}·a^{-1}。彭琳等人根据黄土高原降水量和降水量中的氮浓度计算得出，在该地区每年因降水带入农田的氮素在 4.52～10.60 kg·hm^{-2}·a^{-1}；而北京地区大气湿沉降氮量约为 31 kg·hm^{-2}·a^{-1}。在我国的一些森林中，人们已发现有很高的氮沉降量。例如，在江西分宜县大岗山林场的杉木林和马尾松林中，降雨氮输入分别为 60.6 kg·hm^{-2}·a^{-1} 和 57.0 kg·hm^{-2}·a^{-1}。

不同地区大气氮沉降具有明显差异性的特点主要受自然地理、气候和工业化进程的影响。例如，江苏南京观测站 2005 年 6 月至 2006 年 5 月间的观测数据表明，大气中 NH_3 的平均质量浓度为 18.8 $\mu g/m^3$，NO_x 的平均质量浓度为 2.20 $\mu g/m^3$，气态有机氮的质量浓度为 260.91 $\mu g/m^3$。而王体健等人于江西鹰潭站在 2004 年 12 月至 2005 年 11 月间进行了相似观测，数据对比表明，南京测到的 NH_3 质量浓度要小于鹰潭的 24.6 $\mu g \cdot m^{-3}$，有机氮则远大于鹰潭的 7.2 $g \cdot m^{-3}$。这种差异主要是由城市空气污染状况造成。南京属于工业发达地区，而距离观测站东北方向 5 km 的地方是化学工业园区，排放相当多的有机化合物，在盛行偏北风的情况下会影响到观测站。而鹰潭地处江西，属于华东工业欠发达地区，空气中含有机氮含量较低，空气质量相对较好。

目前，中国的氮沉降过程研究主要集中在亚热带森林生态系统，首个永久性实验样地于 2002 年在鼎湖山国家自然级保护区地南亚热带代表性森林（马尾松、混交林和季风常绿阔叶林）建立，在林地采用人工施氮的方法来模拟大气氮沉降的增加，系统地研究了氮沉降对南亚热带森林系统结构和功能的影响及其机理。这是我国首次通过模拟试验手段系统地研究氮沉降对森林生态系统影响的一项科研突破，为今后的理论研究和科学实践起到了示范带头作用。

三、氮沉降对生态系统的影响

在地球上的大多数地方，特别是温带和北方山区生态系统，陆地植物的生长主要受氮制约。正如大量的施肥试验所表明的那样，在其他养分成为限制因子之前，氮的增加可以促进净初级生产力的提高。但国内外许多学者的大量研究结果表明，随着氮沉降的日益增加，大气氮沉降量超过了生态系统的需求，氮沉降对地球和脆弱的生态系统产生严重的不良影响，具体表现在以下几个方面。

（一）对水生生态系统的影响

据估计，全球每年沉降到各类生物群系的活性氮达 43.47 $Tg\ N \cdot a^{-1}$，而沉降到海洋表面的活性氮达 27 $Tg\ N \cdot a^{-1}$。目前，氮沉降的增加已造成一些地区内河口、海口和江湖等水域氮富集和陆地生态系统氮饱和，氮沉降增加了水文过程的损失，就像 Rabalais 讨论的那样，氮饱和的生态系统中硝酸盐淋溶的增加，促进了酸化作用和超营养作用的进行，导致生态系统结构被破坏和生态系统功能紊乱，并且改变了下游淡水和海洋生态系统中的生物多样性。水体的酸化会引起某些金属离子含量的增加，如酸雨把土壤中的活性铝冲刷到水体中，这不仅给水生生物的生存带来严重危害，还给饮用水的处理带来困难。

（二）对森林的影响

森林是陆地生态系统中最重要的组成部分，也是氮沉降的大面积直接承受者。氮饱和情况发生后，植物对过剩的氮进行大量吸收。植物体内增加的 NH_4^+ 与其他阳离子养分进行交换，使阳离子养分从叶片中淋洗出来，造成植物体内其他养分的"稀释效应"，引起森林营养失调，进而导致叶片过早脱落。氮沉降会使植物遭受冷、冻害损伤的概率增加。氮沉降会引起植物根冠比和细根的生长减小及菌根的浸染减少，由此引起植物获取水分能力的下降，从而对干旱的敏感性增加。氮是植物组织可口性的重要决定因子。氮含量的提高可以使叶片或芽的可口性增加，导致昆虫啃食增加。另外，一些植物次生物质（如苯酚）对植物抗虫能力非常重要，氮沉降使一些植物叶片含有的苯酚减少，进而引起植物抵抗虫害能力下降。氮沉降也会引起森林及其他陆地生态系统的生物多样性降低。氮沉降增加了土壤营养空间的均一性，更多的物种为同一限制性资源竞争，因此减少物种的多样性。同时，随着某一物种的丧失，生态系统食物链的原有结构被破坏，保存养分的能力也随之降低，从而对另一物种的存在造成威胁。

（三）对土壤的影响

一些模拟氮沉降的试验表明，土壤中 NO_3^- 的淋溶随着氮沉降的增加而增加。对于 NO_3^- 的淋溶来说，不论是由硝化引起的，还是由 NO_x 的输入引起的，其都具有强烈的酸化作用。在达到氮饱和的生态系统中，氮沉降（NO_3^- 或 NH_4^+）的适当增加将导致 NO_3^- 淋溶增加和土壤酸度提高。较高的氮沉降还能引起盐基阳离子以等价量伴随着 NO_3^- 一起淋失。这将反过来引起土壤盐基饱和度的下降和一些养分的缺乏。已有证据表明，当土壤中产生了过剩的 NO_3^- 时，Ca^{2+}、Mg^{2+} 等盐基阳离子的淋失会增加。矿质土壤中 Ca^{2+} 的净损失有酸化作用。土壤酸化将反过来急剧增加土壤中的阳离子（特别是 Al^{3+}、Mn^{2+} 和 Rb^+）的通量。土壤中铝离子的增加可导致土壤中 Al-P 化合物的沉淀，引起森林磷素的缺乏，危害植物根系和菌根。大气氮沉降引起的土壤酸化，不仅影响土壤的化学性质，而且可能影响土壤的物理性质。有研究指出，土壤酸化可促进土壤腐殖质的分解，腐殖质的分解和多价盐基离子（Ca^{2+}、Mg^{2+} 等）的流失，不利于土壤团聚体形成，可能造成土壤物理性质恶化。

第三章 大气氮沉降对生态系统碳、 氮循环的影响

第一节 碳、氮循环——重要的生态系统过程

一、碳循环的基本过程

碳循环是指碳元素在地球的大气圈、水圈、生物圈、土壤圈、岩石圈之间迁移转化和周转循环的过程，是生态系统物质循环和能量流动过程中最核心、最重要的基本过程。作为有机体的基本组分，碳素是构成生命物质的基石，生命物质的产生使碳循环过程从简单的地球化学循环进入复杂的生物地球化学循环。如图 3-1 所示，陆地生态系统碳循环过程是指植物通过光合作用吸收大气中的 CO_2，将无机碳转化为有机碳的形式储存在植物体内，形成总初级生产量。植物体在衰老死亡后，以枯枝落叶等凋落物的形式进入地表，凋落物和根系在分解作用下进入土壤有机质中。土壤微生物既是土壤碳库的重要组成部分，又是土壤有机质分解的驱动者，在地下生物分解过程中起非常关键的作用。另外，大气中的 CO_2 通过植物光合作用进入生态系统，然后通过在不同时间和空间尺度上进行的呼吸过程或人为活动回到大气中。其中，一部分有机物通过植物自身的呼吸作用（自养呼吸）、土壤及凋落物层中有机质的分解作用（异养呼吸）回到大气中，另一部分未完全分解的有机质则以土壤有机质中的形式截留在土壤中。因此，碳元素在大气圈、生物圈和土壤圈之间形成"大气—植物—土壤—大气"的循环过程。另外，CO_2 能与海水进行交换。这种交换发生在水、气界面处，因风和波浪的作用而加强。

20 世纪以来，人类活动对整个地球系统的影响逐渐加剧，这引起了世界范围内学者的关注。这些影响包括大气中温室气体浓度增加、森林锐减、土地退化、环境污染及生物多样性丧失等，以及人类对煤炭、石油和天然气等化石燃料的过度使用和对森林和草原的掠夺性破坏。

人类正面临着由人类自己造成的最严峻的全球环境变化问题。在当前国际地圈—生物圈计划（简称"IGBP"）中，碳循环研究是全球变化与陆地生态系统等多个核心计划中的重中之重，陆地生态系统碳循环过程是全球碳循环过程中的重要组成部分。加大对陆地生态系统碳循环机制及其对全球变化响应的研究，是预测和模拟大气 CO_2 含量及气候变化的重要基础。

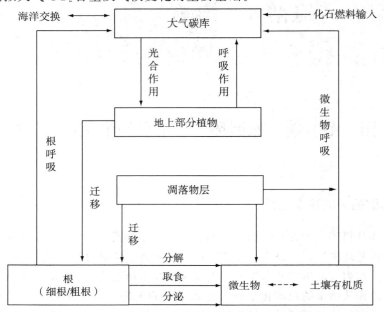

图 3 - 1　陆地生态系统碳循环的简化模型

二、氮循环的基本过程

生态系统营养物质的循环包括营养进入生态系统内部，植物、凋落物和土壤之间的内部转移及从生态系统中的丧失等一系列过程。作为生态系统最为重要的营养物质，氮素不仅是生物有机体蛋白质和核酸的重要组成元素，也是限制生态系统净初级生产量的限制因子。氮循环过程是指氮元素在地球大气圈、生物圈、土壤圈、水圈之间迁移转化和周转循环的过程，如图 3 - 2 所示。大气中的氮素主要以惰性氮（即氮气）的形式存在，其占大气总体积的 78%。但氮气分子中氮氮三键的强度很大，氮气很难被植物直接利用。因此，自然生态系统中的氮输入主要通过固氮作用（闪电固氮和生物固氮）完成。硝酸盐和铵盐通过植物的吸收作用进入有机体，可以维持植物的生长。通过微生物的分解和矿化作用，有机体中的有机氮转化为铵盐，重新回到土壤中。铵盐在硝化细菌作用和有氧条件下被氧化为亚硝酸盐及硝酸盐，硝酸盐往往在缺氧条件下通过反硝化细菌被还原为氮氧化物和氮气，重新回到大气中，完成氮的循环过程。

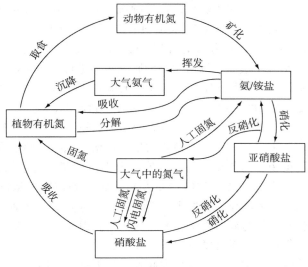

图 3-2　陆地生态系统氮循环的简化模式

工业革命以来，化石燃料的燃烧、农业态系统中化肥的过度使用及固氮植物的大量种植，迅速增加了生态系统的氮通量，而且有不断增加的趋势。化肥的人工合成在缓解人口数量过快增长所引起的粮食危机的同时，给态系统带来了许多负面影响。人类活动使原本较封闭的氮循环过程逐渐开放，氮沉降等过程往往会造成土壤酸化、水体富营养化、生物多样性丧失等一系列严重的后果。在森林退化、耕地面积下降、水资源紧缺的今天，氮污染问题更加凸显。因此，加大对氮循环过程及其在全球变化领域中的研究并积极采取有效对策应对氮沉降等氮污染现状，是科学家们和政策制定者们亟须解决的问题。

三、生态系统的碳氮耦合

碳氮关系一直是生态学、植物学、地球化学、农学等领域研究的核心内容，氮限制理论、生物地球化学循环中碳氮耦合关系、施氮肥与农作物产量的关系等研究一直是相关学科的重点。大气 CO_2 浓度的升高对生态系统碳氮循环的影响、农田施氮与土壤碳库的积累、大气氮沉降与陆地生态系统碳截留、全球尺度上的"碳失汇"等问题一直是全球变化研究领域关注的重点和热点。陆地生态系统碳、氮循环是紧密联系在一起的两个过程，如图 3-3 所示。植物从 CO_2 中获取碳源进行光合作用，形成总初级生产量；从土壤中获取可利用的氮，以维持植物的生存。碳、氮被固定在植物体内，再以凋落物的形式回到土壤碳库和氮库中。自养呼吸和异养呼吸是碳回到大气的重要途径，氨的挥发、硝化、反硝化、火烧和淋溶作用是氮丧失的主要途径。

Redfield 于 1958 年提出了生物地球化学领域中的生态化学计量法则，即海洋浮游生物是碳、氮、磷元素由特征的摩尔比例所组成的（平均相对原子质量之比为106∶16∶1），且是由海洋生物与海洋环境的相互关系所控制的。Cleveland 和Liptzin 对陆地生态系统土壤和土壤微生物的碳氮关系进行了比较，结果类似于海洋生态系统的 Redfield 比例关系：陆地生态系统土壤和土壤微生物的碳、氮、磷的平均相对原子质量之比为 186∶13∶1 和 60∶7∶1。海洋和陆地生态系统的碳、氮比例关系相似，说明有机体与环境的碳、氮有密切的联系。另外，已有整合分析研究表明，增加 CO_2 施肥不仅能显著促进植物的生长，增加植物、凋落物和土壤碳库的大小，同时增加了植物、凋落物和土壤的氮库大小，显著提高了植物的碳、氮比。氮输入还显著增加了生态系统净初级产量及植物碳库和植物氮浓度。以上结果表明，增加生态系统碳输入能显著促进生态系统的碳、氮截留，增加生态系统氮输入能促进植物的生长和植物与凋落物碳、氮库的积累。因此，生态系统碳、氮循环过程相互影响又相互作用，二者是紧密地耦合在一起的，二者之间的密切联系在维持和调控生态系统的能量与物质循环过程中起着非常关键的作用。

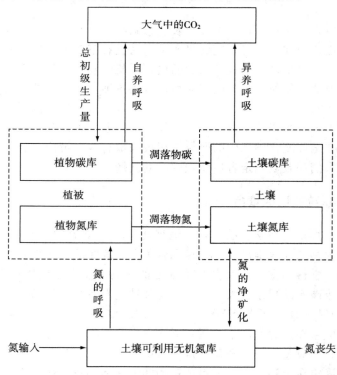

图 3-3　陆地生态系统碳、氮循环的概念模型

作为生态系统初级生产量的限制因子，氮素在"碳—气候—氮"的关系中起非常重要的作用。陆地生态系统碳、氮循环是全球生态系统物质循环过程中的重要组成部分。工业革命后，人类活动日益加剧，导致二氧化碳、甲烷、氮氧化物等温室气体排放量不断增加，同时全球平均气温、全球氮沉降量逐年上升。生态系统氮输入量的升高对陆地生态系统碳、氮循环产生重要的影响。已有诸多施氮控制实验表明，氮输入不仅能促进植物生长，增加生态系统产量，还会对凋落物的产生和品质、物种的多样性及丰度、土壤微生物的组成与数量、土壤碳、氮库的变化等因素产生重要的作用。

第二节　氮添加对生态系统碳循环的影响

当前，氮输入对生态系统碳循环过程影响的相关研究主要集中在以下两个方面：（1）农田施肥对作物产量以及土壤固碳相关碳过程的影响；（2）施氮或模拟氮沉降对森林生态系统和草地生态系统碳过程的影响。已有大量研究结果表明，氮输入能显著促进植物地上部分的生长，但对植物地下部分生长、微生物生物量、土壤碳库及土壤呼吸作用的影响变异性很大，结果也不尽相同。总体而言，当前氮输入对生态系统碳循环影响的研究主要取得了以下几点进展。

第一，氮输入通过促进植物的光合作用和呼吸作用来促进植物的生长，增加植物生物量，因此氮输入对植物的影响总体上为正效应。植物体中绝大部分的氮素是以蛋白质的形式存在的，光合酶在叶氮含量中占据了很大的比例，大约有75％的叶氮以光合酶的形式存在于植物叶片中的叶绿体中，因此叶氮含量在某种程度上能直接反应光合的数量，并且与光合能力呈线性正相关，与最大光合潜力呈线性正相关。另外，氮输入会通过影响叶面积、叶片数量、光合氮利用效率等因素对植物光合作用产生重要影响。氮输入在促进植物光合作用的同时，影响着植物呼吸作用。植物体通过呼吸作用支持蛋白质的周转，仅叶片中蛋白质的周转就会耗损呼吸能量的30％～60％。因此，氮输入的增加会提高植物组织中的氮浓度，从而促进植物的呼吸作用，维持呼吸的上升。整体而言，氮输入对植物生长的促进作用为正效应，会增加植物生物量，促进植物碳的净固定。Xia和Wan对456种不同陆地植物对氮输入的响应进行分析研究，结果表明，氮输入在显著增加植物生物量的同时，显著增加了植物氮浓度。

第二，氮输入对凋落物及其分解过程的影响较复杂。氮输入能促进植物的生长，有利于植物碳的净积累，植物生物量的上升会增加凋落物的产量，大量实验研究也证实了这一推测。农田施氮能显著提高农作物残茬的产量，森林施氮或模拟氮沉降能增加凋落物产量，草地氮输入同样能显著增加凋落物产量。Mack 等人在极地苔原生态系统进行长期施氮实验，结果表明氮输入能显著增加植物地上部分产量，并显著提高凋落物碳库大小。也有研究表明，虽然氮输入显著增加了植物地上部分生物量，但是对叶凋落物的影响并不显著。另外，虽然整体上凋落物对氮输入的响应较一致，即氮输入能显著增加凋落物产量，但氮输入对凋落物品质的改变使其对凋落物分解的影响更加复杂。有研究表明，氮输入不仅改变了凋落物产量，同时通过降低凋落物碳、氮比改变了凋落物品质。Knorr 等人对凋落物分解作用对氮输入的响应进行了整合分析，结果表明凋落物的分解不仅与自身凋落物品质有关，还与生态系统氮输入水平（环境氮沉降水平）有关。在低氮沉降和高凋落物品质（低木质素含量）水平上会促进凋落物的分解，而在较高的施氮率（2～20 倍氮沉降水平）、高氮沉降和低凋落物品质（高木质素含量）水平上会降低凋落物的分解速率。氮输入能促进植物的生长并增加生态系统净初级生产量，因此，施氮或氮沉降的增加会增加生态系统凋落物的产量，通过改变凋落物品质来影响凋落物的分解过程。

第三，氮输入对植物地下部分及微生物的影响具有不确定性。传统理论认为，氮输入会导致土壤无机氮含量增加，改善土壤营养条件。植物根系获取养分的困难程度降低会减少植物地下部分净初级生产量，而将更多生物量分配至植物地上部分。但与氮输入能促进植物的生长、增加植物地上部分生物量不同，大量实验结果表明氮输入对植物地下部分影响的结果变异性较大，趋势不明显。氮输入能显著增加植物地下部分生物量，对增加植物地下部分生物量影响不显著，会抑制根系生长、降低植物根生物量，各种结果差异性较大。由于实验方法和条件的限制，大多数对森林生态系统中植物根系中物量的研究局限于细根或粗根上，这使氮输入对植物地下部分影响的结果产生偏差。另外，氮输入本身及植物地下部分生物量的改变都会对土壤微生物的生长产生影响。氮素是植物生长的限制因子。微生物的生长往往更多地受水分、碳和磷的限制。氮输入能通过对生态系统碳输入和土壤理化性质的改变来直接或间接地影响微生物的生长。已有分析结果表明这一点，整体而言，氮输入能显著降低土壤微生物生物量，但仍有许多实验结果表明，氮输入能显著促进土壤微生物的生长，或对土壤微生物生物量没有显著的影响。因此，氮输入对植物地下部分和土壤微生物的影响具有不确定性，氮输入会直接或间接地影响土壤呼吸及土壤碳库。

第四，氮输入对土壤碳库的影响具有较高变异性。氮输入能促进植物的生长，通过增加凋落物产量来增加生态系统的碳输入。因此，理论上，在不改变碳输出的情况下，氮输入的增加会促进土壤碳库的积累，显著增加土壤碳库的大小。然而，科学家们进行的大量野外施氮控制实验的结果变异性很大，规律性很不明显。这表明地下生态系统对氮输入的响应机理远比地上部分复杂，结果变异性更大。如，有实验结果显示农田施氮能显著增加土壤碳库，但也有实验结果表明农田施氮会显著降低土壤碳库。森林生态系统土壤碳库的变化更复杂，氮输入能显著增加土壤碳库，也能显著降低土壤碳库，还能不显著改变土壤碳库。在草地生态系统中进行的长期施氮实验表明，氮输入对土壤碳库的影响并不明显。另外，在苔原生态系统中长期施氮，能显著降低土壤碳库的大小。在我国三江平原湿地进行的长期研究表明，施氮能显著增加土壤碳库。以上研究结果表明，氮输入在改变生态系统碳输入的同时，对生态系统碳周转和碳输出过程有显著影响。有关氮输入对土壤呼吸作用影响的控制实验所得结果同样具有较大的变异，氮输入能显著增加、降低或者没有显著改变土壤呼吸作用，特别是氮输入影响植物根呼吸和微生物呼吸的机制目前尚不明确。另外，近年来关于农田施氮与土壤碳库截留的整合研究逐渐增多，并得出了一些有意义的结论：长期农田施氮和农作物残茬还田能显著增加土壤碳库大小，有利于土壤的碳截留。

第三节　氮添加对生态系统氮循环的影响

自然生态系统氮素的主要来源是有机体的分解作用及固氮微生物的固氮作用，而施氮和氮沉降过程加大了生态系统氮输入量，改变了相对封闭的氮循环过程。生态系统氮循环过程的复杂性使氮输入对氮循环过程的影响较复杂，具体表现为以下几个方面。

首先，人工施氮或氮沉降过程加大了生态系统无机氮的输入量，改变了自然生态系统相对封闭的氮循环过程。大量施氮控制实验表明，氮输入对土壤无机氮的影响大多为正效应。施氮能显著增加农田生态系统土壤无机氮库，改善土壤营养条件，也能显著增加森林生态系统和草地生态系统无机氮含量，增加湿地生态系统、沙漠生态系统和苔原生态系统土壤无机氮含量。因此，氮输入对土壤的直接效应就是增加土壤无机氮含量，改善土壤营养状况。另外，有研究表明，生态系统固氮过程与氮输入的增加呈现负相关，说明人工施氮或氮沉降通过增加生态系统氮输入，显著增加了土壤无机氮含量，但会因土壤营养状况的改变抑制土壤微生物的固氮过程。

其次，与氮输入促进植物生长、增加植物生物量的结果类似，氮输入对植物氮浓度的影响也多为正效应。作为生态系统初级生产量的限制因子，氮输入的增加会增加土壤无机氮库大小，并通过植物的吸收增加植物体氮浓度，植物氮浓度的增加（特别是叶氮浓度的增加）会促进植物光合作用。因此，氮输入通过增加植物生物量来促进生态系统净初级生产量。植物生物量的增加和植物氮浓度的增加使氮输入对植物氮库的积累有正效应。大量研究表明，施氮能显著增加植物地上部分氮库大小和植物地下部分氮库大小，植物氮库的增加也意味着随凋落物进入地下生态系统的凋落物氮库上升。大量实验研究表明，施氮能显著增加凋落物氮库大小。氮输入对凋落物氮库的促进作用往往会影响凋落物品质，从而对凋落物分解过程产生影响。因此，氮输入不仅改变了土壤无机氮含量，也对生态系统有机氮的输入起重要作用。

再次，氮输入对土壤微生物氮及氮流过程的影响具有不确定性。已有整合分析结果表明，氮输入会显著降低土壤微生物碳，但目前对于氮输入对土壤微生物氮的影响没有定论。氮输入能显著增加土壤微生物氮，能显著降低土壤微生物氮，也会对土壤微生物氮不产生显著影响，各种结果变异性较大，这也表明土壤微生物氮对氮输入的响应有较大差异。氮输入对土壤微生物氮影响的不确定性，会影响与其有密切联系的氮固持作用以及与微生物相关的其他氮流过程。已有研究表明，氮输入能对氮矿化、硝化和反硝化过程产生较大影响。氮输入能显著提高氮的净矿化作用和氮的总矿化作用，也有研究指出氮输入会抑制氮的总矿化作用。氮输入能显著地促进硝化作用和反硝化作用，从而增加氮的外流通量。因此，施氮或氮沉降在增加生态系统氮输入的同时，往往会增加生态系统氮输出。

最后，氮输入对土壤氮库的影响具有复杂性。土壤总氮库取决于生态系统氮输入和氮输出之间的平衡。施氮能显著提高土壤无机氮含量，并能通过促进植物生长提高植物生物量和植物氮浓度，因此，理论上，生态系统无机氮和有机氮输入的增加将促进土壤氮库的积累。施氮在增加生态系统氮输入的同时往往会对生态系统氮输出有较大影响，因此土壤氮库对施氮的响应较复杂，实验结果变异性较大。氮输入能显著增加土壤氮库，能显著降低土壤氮库，也会对土壤氮库没有显著改变。这表明，土壤氮库对氮输入的响应具有较高的变异性，因此阐明生态系统无机氮、有机氮的输入和与氮输出相关的硝化作用、反硝化作用、淋溶作用等过程之间的关系是阐明土壤氮库变化的关键所在。

第四节　不同施氮水平对温室气体排放的影响

一、温室气体的组成及来源

联合国气候变化框架公约把"大气中那些吸收和重新放出红外长波辐射的自然和人为的气体成分"称为温室效应气体，简称"温室气体"。大气中的温室气体除水蒸气外，主要包括二氧化碳（CO_2）、甲烷（CH_4）、氧化亚氮（N_2O）、臭氧（O_3）和氟氯烃等。其中 CO_2 是最主要的温室气体之一，在大气中存留的时间可长达 200 年，对全球气候变暖的贡献率约为 50％～60％。另一种主要的温室气体是 CH_4，其具有较大的温室效应潜能及较快的增长速率（一个 CH_4 分子的温室效应潜能是一个 CO_2 分子的 23 倍），对全球温室效应的贡献率达到 20％左右。N_2O 是对流层中几种主要的大气微量化学成分之一，含量很低，但一个 N_2O 分子的增温效应大约是一个 CO_2 分子的 296 倍，而且 NO_2 在大气中存留时间较长（150 年左右），能破坏臭氧层，使地表气温进一步升高。据统计，大气中 CO_2、CH_4 和 N_2O 对温室效应的贡献率达到 80％左右。

一般认为，人类活动是导致大气中温室气体浓度增加的主要原因，例如大量化石燃料和生物质的燃烧、土地利用方式的变化，以及工、农业的排放等。事实上，自然过程也是温室气体的重要来源之一，例如由陆地生态系统呼吸排放的 CO_2 是化石燃料燃烧 CO_2 排放量的 10～15 倍。据联合国环境规划署估算，每年大气中有 5％～20％的 CO_2、15％～30％的 CH_4 和 80％～90％的 N_2O 来自土壤。森林土壤是陆地生态系统的重要组成部分，CO_2 主要产生于植物根系呼吸、微生物代谢和土壤动物呼吸以及含碳物质的化学分解过程，其中植物根系呼吸和微生物代谢作用是主要的产生 CO_2 的途径。产甲烷菌是严格的厌氧菌，需要在很高的还原条件下才能生存。因此，一般情况下，通气性较好的森林土壤均表现为 CH_4 的汇，其对 CH_4 的吸收取决于土壤中甲烷营养菌的氧化能力。森林土壤中的 N_2O 主要源于硝化、反硝化过程及一些化学还原过程。

森林土壤温室气体排放通量通常受气候条件（土壤温度、湿度、透气性）、植被类型、凋落物化学组成及分解、土壤微生物和土壤动物的数量及活性、人类活动（氮沉降、土地利用方式和森林管理等）等因素的控制，十分复杂。随着全球氮沉降速率及氮沉降量的增加，大气氮沉降已成为影响森林土壤温室气体排放和吸收过程的重要因素之一。

二、大气氮沉降对土壤 CO_2 排放的影响

土壤排放 CO_2 的途径是土壤呼吸作用，主要由植物根系呼吸和为微生物代谢产生，另有少部分来自土壤动物呼吸和含碳物质的化学氧化。关于氮沉降对土壤呼吸的影响可以追溯到 20 世纪 80 年代，欧洲率先开展了外源性氮输入对森林生态系统影响的研究，如 Nitrogen Saturation Experiments（简称"NITREX"）项目和 Experimental Manipulation of Forest Ecosystems in Europe（简称"EXMAN"）计划。后来，美国在马萨诸塞州的 Harvard 森林建立了长期模拟氮沉降的试验站，在佛蒙特州 Mt. Ascutney 森林以及缅因州的 Bear 集水区展开了氮沉降模拟试验。目前，森林土壤呼吸对氮沉降响应的研究主要在欧洲和北美地区开展，得出的结论不尽相同。Pregitzer 等人在白杨幼龄林的施氮研究中发现短期氮沉降能促进土壤呼吸。Steudler 等人在热带雨林模拟氮沉降试验后，得出结论：氮素输入能够提高森林生态系统生产力，加快凋落物分解，进而促进土壤 CO_2 的排放。然而，Fisk 和 Fahey 对美国北部的阔叶混交林的研究结果正好相反。Persson 等人观察发现，长期施氮使欧洲赤松林土壤呼吸速率降低了 30%～40%。Kane 等人做的北美黄杉林的氮沉降模拟试验表明，外源氮输入对土壤呼吸速率没有产生显著的影响，与 Lee 的研究结果相似。Oren 等人发现增施氮肥对火炬松人工林土壤呼吸作用没有明显影响。贾淑霞等人在落叶松和水曲柳人工林氮沉降模拟试验中发现，两种林型土壤呼吸速率分别下降 34.9% 和 25.8%。莫江明等人在研究南亚热带森林土壤呼吸对氮沉降的响应后，得出结论：外源氮素输入对季风林土壤呼吸有明显的促进作用，但对马尾松林和混交林样地土壤 CO_2 排放并无明显影响。由此可见，不同地域、不同植被类型、不同氮素处理方法，都会对土壤呼吸作用产生不同的影响。

目前，关于氮输入对土壤呼吸作用的影响机理存在如下几种解释：（1）从根系生理生态活动角度解释，土壤中可用性氮含量的变化改变了光和产物在地上和地下部分的分配，使根系生物量增加或减少，氮素输入可能会改变根组织中的氮含量，进而对土壤呼吸过程产生影响；（2）从土壤微生物角度解释，氮沉降可能导致微生物种群、数量及活性的改变，进而影响土壤呼吸；（3）从环境因子角度解释，氮素输入可能改变土壤水热条件，从而对土壤呼吸作用产生影响。

三、大气氮沉降对土壤 CH_4 吸收的影响

CH_4 是除 CO_2 之外比较活跃的温室气体，其在大气中的浓度正以每年 1% 的

速度递增，目前其对全球变暖的综合贡献率约为 20%。有研究结果显示，氮沉降对土壤 CH_4 吸收往往表现出抑制作用。Hiitsch 等人发现长期施加氮沉降对土壤的消耗有抑制作用，随着施加时间的延长，抑制作用越发明显。Gulledge 在 Harvard 森林进行长期氮沉降模拟试验后，观察到外源氮输入使阔叶林和针叶林土壤吸收 CH_4 的能力分别降低了 51% 和 14%。姜春明等人在青海高寒草甸氮沉降模拟试验中，发现施加氮素后土壤 CH_4 氧化速率被抑制了 15% 左右。莫江明等人在广东鼎湖山混交林和苗圃试验中也得到了相似的结果。有研究表明，氮沉降对土壤 CH_4 的氧化吸收没有明显的影响。Kammann 等人对德国 Giessen 附近的森林施氮后，发现施氮与土壤 CH_4 的氧化速率之间不存在任何关联。Galloway 等人对北半球高纬度地区模拟氮沉降试验后，认为土壤对大气 CH_4 的吸收能力不会受到氮沉降的影响。Whalen 等人在美国阿拉斯加针叶林模拟的氮沉降试验中没有观察到任何的氮抑制效应。

氮沉降对森林土壤 CH_4 排放通量的影响机制主要包括以下几个方面：（1）缺少甲烷单氧酶，导致甲烷营养菌氧化 CH_4 时和硝化细菌在氧化 NH_4^+ 时竞争相同的微生物酶，使甲烷营养菌的活性受到抑制。同时，NH_4^+ 氧化时产生的羟胺和 NO_2^- 对甲烷营养菌有毒害作用，进而抑制土壤对 CH_4 的氧化吸收。（2）氮沉降引起的土壤溶液中 NO_3^- 的渗透压增强，抑制甲烷营养菌的活性，进而削弱森林土壤对大气 CH_4 的吸收。（3）土壤 pH、有机质含量、金属离子和细根生物量等因素直接或间接地限制森林土壤对 CH_4 的氧化能力。

四、大气氮沉降对土壤 N_2O 排放的影响

土壤中的 N_2O 主要产生于硝化和反硝化过程。森林土壤被看作是一种重要的 N_2O 排放源，占到 N_2O 排放总量的 90% 左右。大部分研究结果显示，向森林土壤施氮通常会引起 N_2O 排放量显著增加。Nadelhoffer 等人对不同类型的森林土壤施氮后发现，土壤 N_2O 排放通量与氮素的输入量呈正相关。Butterbach-Bahl 等人对温带森林土壤 N_2O 排放通量进行研究后，得出 N_2O 排放量与土壤可利用性氮有较密切的关系。江明等人在鼎湖山进行的研究显示，氮沉降对马尾松林和季风林土壤 N_2O 的排放有促进作用，而且随着氮沉降水平升高，促进作用明显增强。Bouwman 等人调查苏格兰松在不同氮输入水平下 N_2O 排放量后，发现与中氮处理（$5 \sim 10 \ \mu g \ N_2O\text{-}N \ m^{-2} \ h^{-1}$）相比，高氮处理（$16 \sim 32 \ \mu g \ N_2O\text{-}N \ m^{-2} \ h^{-1}$）显著促进了 N_2O 的排放。Noura 等人对日本的红松和落叶松模拟氮沉降试验后得出结论，随着有效性氮含量增加，两种林型 N_2O 的排放速率均得到了明显的增强。此外，部分研究显示，氮输入对森林土壤 N_2O 的

排放量没有显著影响。莫江明等人对热带森林的研究表明，在短期内（90 天）施氮对混交林和马尾松林土壤 N_2O 的排放没有明显的促进作用。Adams 等人对澳大利亚森林的研究显示，森林土壤 N_2O 的排放对氮沉降的响应不明显。

关于氮沉降对森林土壤 N_2O 排放的影响机理包括如下几个方面：（1）无机氮含量（$NO_3^- $-N 和 NH_4^+-N）。随着有效性氮含量的增加，硝化和反硝化过程的底物增多，土壤硝化和反硝化作用增强，进而促进了森林土壤 N_2O 的排放。（2）土壤碳、氮比（C/N）。如果土壤自身的 C/N 比较低，那么外部输入的氮素被转化为 N_2O 释放的比例就较高。氮沉降可以降低土壤的 C/N 比，因此增加了森林土壤 N_2O 的排放量。（3）土壤自身性质。如土壤含氧量、湿度、孔隙度、有机质层的结构和厚度等因素都可能影响土壤的硝化和反硝化作用，进而影响 N_2O 的排放。

第四章 大气氮沉降对森林生态系统的影响

第一节 氮沉降对森林生态系统碳吸存的影响

全球气候变暖已是毋庸置疑的事实。联合国政府间气候变化专门委员会（简称"IPCC"）第四次评估报告显示，近100年来全球平均气温上升0.74℃，人为温室气体浓度的增加很可能是导致全球气候变暖的主要原因。其中，二氧化碳（CO_2）是最重要的人为温室气体，对增强温室效应的贡献率高达56％。自《京都议定书》规定了各国的CO_2排放标准以来，各国在极力减少人为CO_2排放的同时，开始致力于自然界碳汇问题的研究，以制定合理的环境政策，为国际政治谈判赢得筹码。

陆地和海洋对CO_2的吸收（碳吸存）均起到了至关重要的作用。据统计，人类活动每年约产生7.1 Gt的CO_2。这些CO_2中的一部分（约3.4 Gt）残留于大气中，一部分（约1.5~2.0 Gt）被海洋吸收，约1.5~2.0 Gt不知所踪的CO_2可能被陆地生态系统所吸收。森林生态系统是陆地生态系统的主体，占据了陆地生态系统植被碳库的86％以上和土壤碳库的73％，固定的总碳量约占整个陆地生态系统的76％~78％。因此，森林生态系统碳吸存的微小变化都将对全球气候产生深刻的影响。

影响森林生态系统碳吸存的最主要驱动因子包括土地利用变化、森林的恢复生长、CO_2的施肥作用和全球变暖。近150年来，随着工业化的发展，化石燃料的燃烧及农业、畜牧业生产导致的NO和NH_3的排放量比工业化前高3~5倍，并将随着人口增长和城市化程度的提高而继续增加。预计到2050年，全球氮沉降量将增加至200 Tg N·a^{-1}，比1995年高1倍。这些氮以干沉降和湿沉降的形式降落到森林生态系统中，对森林生态系统的结构与功能（包括地上生产力和土壤碳动态）产生深远的影响，氮沉降成为近代影响森林生态系统碳吸存的一个重要因素。

国际上最早探讨氮沉降与森林碳吸存关系的学者是 Townsend 和 Holland。

他们分别于 1996 和 1997 年给出了氮沉降对森林碳吸存影响的模型预测结果。之后，其他研究者利用不同的技术和方法进行了大量的研究，如 Nadelhoffer 等人采用了同位素技术，DeVries 等人和 HyvUnen 等人采用了模拟氮沉降的方法，Magnani 等人和 Thomas 等人采用了氮沉降梯度方法。这些研究为估算全球氮沉降对森林生态系统碳吸存的影响提供了重要的实验基础。然而，这些研究大部分是在温带地区进行，真正涉及热带、亚热带地区的研究为数不多。目前仅波多黎各和夏威夷等地存在初步的研究项目。我国被认为是未来氮沉降最严重的国家之一，自 2003 年以来，氮沉降与森林碳吸存关系方面的研究逐渐得到我国学者们的重视，目前已进入起步阶段。

一、森林碳库的划分

森林生态系统吸收的大气 CO_2 主要储存于森林植被和土壤两大碳库中，其中森林植被碳库包括地上和地下植物体碳库，如图 4-1 所示。森林凋落物也储存了一小部分碳，其处于地表，一般不归入土壤碳库中，而是成为一个独立的碳库。DeVries 等人在其研究综述中为了方便统计近几年国际上的研究结果，将森林碳库分为地上碳库和地下碳库两部分。其实他所指的地上碳库就是植被碳库，包括地上和地下植物体碳库，而地下碳库是指土壤碳库。凋落物碳库储量少，缺乏相关研究数据，故本章并没有对其进行讨论，并采用这种森林碳库分类方式进行阐述，目的是方便统计收据及增强研究的可比性。

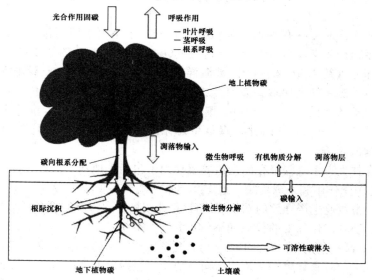

图 4-1 森林生态系统碳吸存关键过程示意图

二、氮沉降对森林碳吸存的影响

（一）氮沉降对森林地上部分碳吸存的影响

尽管有研究显示，氮沉降带来的温带森林地上部分碳吸存增加极少，但是更多的研究表明温带森林主要受氮限制，氮沉降通过增加土壤可利用氮促进植物的生长进而大幅度增加森林地上部分碳吸存。Townsend 和 Holland 的模型研究（模型法）就是最早支持上述观点的研究。之后，众多的研究显示，氮沉降能增加地上部分碳吸存量约在 $17\sim61$ kg C kg^{-1} N（以"氮沉降驱动的碳吸存率"表示）。例如，Solberg 等人和 Laubhann 等人在 2009 年分别发表了对欧洲约 400 多个地区大范围空间调查（氮沉降梯度法）的研究结果。其中，Solberg 等人在林分水平上进行研究，结果显示每增加 1 kg N hm^{-2} a^{-1} 的氮沉降量，欧洲赤松胸径生长增加 1％，挪威云杉胸径生长增加 2％。Laubhann 等人在单木水平上进行研究，结果显示每增加 1 kg N hm^{-2} a^{-1} 的氮沉降量，约增加 1.2％～1.5％的胸径生长。若按 50％的植物含碳量进行换算，欧洲地区 1993～2000 年间氮沉降驱动的碳吸存率约为 20～40 kg C kg^{-1} N。2010 年，Thomas 等人采用同样的方法研究了美国东北部和北中部地区 24 种最常见植物对氮沉降的响应，证实了氮沉降对植被碳吸存的重要性，并计算得到研究区内氮沉降驱动的植被碳吸存率约为 61 kg C kg^{-1} N。此外，在 2006～2008 年间，几个长期氮沉降模拟试验研究项目（模拟氮沉降法）相继证实氮沉降能增加森林地上部分的碳吸存。例如，Hugberg 等人给出了温带森林长达 30 年的氮施肥试验对森林植物生长的影响，低氮处理（34 kg N hm^{-2} a^{-1}）带来的森林生态系统地上部分碳吸存率约 25 kg C kg^{-1} N。这与 Hyvonen 等人和 De Vries 等人的研究结果一致。Pregitzer 等人对密西根硬木林的研究显示，森林地上部分氮沉降驱动的碳吸存率约为 17 kg C kg^{-1} N。

热带森林被认为富氮而受磷限制。因此，一般认为氮沉降对热带森林地上部分碳吸存没有影响。该观点也得到了相关研究的证实，如 Martinelli 等人分析了来自 8 个热带森林生态系统的研究数据后指出，热带森林生态系统不受氮限制。Harrington 等人 2001 年在夏威夷高度风化的成熟热带雨林地区的研究及 Cusack 等人 2010 年在波多黎各热带成熟雨林的研究结果，显示了热带森林非氮限制的特征。然而，2008 年，LeBauer 等人对 16 个热带森林生态系统氮沉降试验的结果进行综合分析后得出了不一样的结论。他们的研究除去其中 8 个年轻热带森林类型（土壤年龄小于 1000 年，理论上认为就是氮限制的）之后，其他 8 个热带森林生态系统依然表现出明显的氮限制特点，地上部分植被净初级生产力（简称"NPP"）随氮输入的增加而增加。据此，LeBauer 等人认为热带森林生态系统是氮限制的。LeBauer 也指出研究可能无法完全反映所有热带森林的情况。因为这 8 个非年轻热带森林中的一部分是干旱热带雨林、次生热带雨林和高海拔热带雨林。唯一的印度尼西亚成熟热带雨林地上部分的 NPP 并没有受氮沉降影响，表现出非氮限制的特点。因此，准确地说，热带森林 NPP 对氮沉降的响应取决于其所在区域土壤氮现状，氮限制的热带森林（如年轻热带雨林、干旱热带雨林、次生热带雨林和高海拔热带雨林）在氮沉降的刺激下 NPP 会增加，氮饱和的成熟热带森林则可能不受氮沉降影响。

然而，过量的氮输入可能会抑制植物生长，增加植物死亡率，从而减少森林地上部分植物碳吸存。"过量的氮"有两种情况：一种情况是人为施氮导致的，如高氮施肥试验；另一种情况是自然状态下出现的，如高氮沉降区或森林演替的顶级。其中，氮施肥试验的研究，如 Magill 等人在美国哈佛森林进行的研究，经过长达 15 年的氮处理后，高氮处理（150 kg N hm^{-2} a^{-1}）样地中脂松的死亡率高达 57%。另外，自然状态下的研究，如 Aber 等人在美国东北部针叶林的大范围空间调查研究显示，沿着氮沉降梯度植物的生长受到抑制且死亡率上升。这与 Thomas 等人 2010 年在美国东北部和北中部地区对 24 种最常见植物氮沉降响应的研究结果一致。

（二）氮沉降对森林地下部分碳吸存的影响

相比地上部分碳吸存的研究，地下部分碳吸存的研究较少且结论并不一致。从 TownSend 与 Nadelhoffer 发表的两种不同的研究结果开始，科学家们就把目光部分地转向了地下碳库。随后，部分研究证实氮沉降通过提高凋落物的分解速率而增加土壤呼吸量，降低土壤有机质（简称"SOC"）浓度，从而减少了土壤碳储量。但是，2004 年，Magill 等人在美国哈佛森林的研究显示氮沉降对土壤碳库并没有显著影响。目前，欧洲和美国的几个长期的氮模拟试验研究（10～30 年）的结果显示，氮沉降能够带来的土壤碳吸存增量约 10～25 kg C kg^{-1} N。例如，HyvUnen 等人发表了在瑞典和芬兰进行的长达 15 年模拟氮试验的研究结果：长期氮施肥下土壤中氮沉降驱动的碳吸存率约为 11 kg C kg^{-1} N，比地上部分（25 kg C kg^{-1} N）约低 2～3 倍。Pregitzer 等人对美国密西根硬木林的研究显示，土壤中氮沉降驱动的碳吸存率约为 23 kg C kg^{-1} N，是 Hyvonen 的研究结果的两倍。这个研究结果和 Devries 等人的研究结果（约为 21 kg C kg^{-1} N）相近。

热带地区氮沉降对森林地下部分碳吸存影响的研究，目前仅在波多黎各、夏威夷、墨西哥和中国南方等地进行，相关的研究结论并不一致。此外，这些研究多数集中于次生林方面，自然林方面仅有 Li 等人和 Cusack 等人分别于 2006 年和 2010 年发表了相关研究结果。其中，Li 等人的研究认为，氮施肥并不能增加土壤有机碳吸存。Cusack 等人却给出了不同的结论，认为氮施肥促进了土壤重组碳的积累，从而提高了土壤碳吸存。关于次生林的研究，Giardina 等人在夏威夷的研究显示施肥减缓了热带次生林土壤碳循环，并且施肥对土壤碳吸存的影响可能是中性甚至是负面的。Gamboa 等人在墨西哥热带次生干旱林中，分别对处于演替早期和晚期两个阶段的两类森林进行研究。该研究表明施氮对两类森林的土壤碳吸存均无显著影响。鼎湖山自然保护区的氮沉降研究已经证实氮沉降抑制微生物生长，降低凋落物分解速率以及土壤 CO_2 排放，这些结果表明氮沉降可能驱使热带亚热带"富氮"森林土壤有机碳的积累。和国内的其他研究有刘菊秀等人在中国亚热带地区的开顶箱实验和涂利华等人在柳江苦竹林的短期氮施肥试验。刘菊秀等人认为增加 CO_2 量能提高土壤碳吸存，但是这种提高需要额外的氮输入的辅助，而涂利华等人认为氮施肥增强了土壤呼吸，土壤碳储量将减少。总体来讲，国内外该领域的研究数量相当有限，而且大部分模拟氮试验研究的施肥年限很短（小于 10 年），难以反映自然状态下森林生态系统对氮沉降的响应情况。

（三）研究的焦点及争议

从上文的阐述中不难发现，在氮沉降对森林碳吸存的影响这个问题上，任何一个森林生态系统，无论温带还是热带，地上还是地下，总能得出不同的研究结论（增加、降低或没有影响）。地上部分碳吸存有如下规律：对于氮限制的温带森林，氮沉降增加了地上部分碳吸存；对于氮丰富的热带森林，氮沉降对地上部分碳吸存没有影响；过量的氮输入会造成森林死亡率上升，从而降低地上部分碳吸存。地下部分是否也会减少森林碳吸存呢？当前学术界普遍接受氮沉降增加陆地生态系统，特别是森林生态系统碳吸存的观点，把关注的焦点集中在了研究氮沉降所带来的森林生态系统碳吸存到底有多大（氮沉降驱动的碳吸存率）这个问题上。综观研究历史，不同研究得出的结论存在较大差异。

早期的模型研究假设大气氮沉降带来的氮 80% 被存储于具有高 C/N（250～500）的地上生物量中，预测氮沉降驱动的全球陆地生态系统碳吸存率约为 200～400 kg C kg^{-1} N。但是以实验为基础的研究否定了这种假设和预测。例如 Nadelhoofer 等人利用 ^{15}N 同位素技术进行实验研究，研究显示氮沉降带来的氮仅有约 5% 被存储于地上生物量中，而绝大部分的氮（约 70%）储存于低 C/N（10～30）的土壤中。该研究表明氮沉降并非陆地生态系统碳吸存能力提高的主要原因，其带来的生态系统碳吸存率约只有 46 kg C kg^{-1} N。Currie 等人甚至认为氮沉降驱动的生态系统碳吸存率只有 5 kg C kg^{-1} N。然而，这些研究都遭到质疑，因为这些研究没有考虑森林林冠对氮的直接吸收作用。目前，Magnani 等人在《Nature》上发表的论文重新强调了生态系统碳吸存与大气氮沉降存在着强烈的相关性，引发了更激烈的讨论。其对欧洲、亚洲和北美多个不同施氮水平的实验进行综合研究，结果显示氮沉降驱动的陆地生态系统碳吸存率为 475 kg C kg^{-1} N。但是有学者质疑其值过高，已经超出了合理范围。Sutton 等人对 Magnani 的研究数据重新进行了分析校正，认为氮驱动的碳吸存率约为 91～177 kg C kg^{-1} N。即便如此，经过校正后的氮驱动的碳吸存率仍然与目前几个长期定位氮沉降模拟试验研究的结果（约为 36～48 kg C kg^{-1} N）相去甚远。研究方法的不同、技术手段的局限性及森林碳循环的复杂性可能是导致研究结果差异的主要原因。

三、氮沉降对森林碳吸存的影响机理

（一）地上部分碳吸存

地上部分净初级生产力（简称"ANPP"）反映了森林地上部分碳的净输入量，可用于表示地上部分碳吸存的变化。ANPP 由光合作用和呼吸作用这两个过程决定。氮沉降通过影响这两个过程最终决定森林地上部分碳吸存的增加或减少。

1. 光合作用

一般氮输入会引起叶氮含量上升，叶氮含量上升将刺激植物光合速率的提高。研究表明，在叶片尺度上，植物光合作用和叶氮含量存在强烈的相关性，而且这种相关性在不同物种、群落、生态系统和生物群系中普遍存在。氮输入通过提高叶片中蛋白质总量、核酮糖-1，5-二磷酸羧化酶（简称"Rubisco"）的浓度和活性、光合色素及一切与促进光合作用有关的含氮物质的含量，加快植物的光合速率。例如，Warren 等人对欧洲赤松幼苗进行了为期 3 年的施氮处理，随着施氮水平的增加，幼苗单位叶面积 Rubisco 含量及以 Rubisco 形式存在的氮占总氮的比例不断增加，单位叶面积叶绿素 a＋b 含量也增加了 4 倍。关于 Rubisco，有报道认为植物并不把这部分多出的 Rubisco 用于光合作用，而是用作叶片氮的贮存。

叶氮浓度超过一定限度时，又可能引起植物体 Rubisco 的浓度、活性、光合色素含量的下降，从而使光合速率降。Nakaji 等人将日本柳杉和日本赤松 1 年生幼苗置于不同氮处理水平的土壤中进行为期 2 个生长季节的试验，发现其中日本赤松在高氮处理（370 kg N hm^{-2} a^{-1}）下净光合速率相比对照组显著下降。原因可能是松针中 Rubisco 的浓度和活性降低导致光合作用中羧化反应受阻。该研究还发现，植物叶片蛋白质、Rubisco 浓度降低与 N/P、Mn/Mg 存在显著的正相关关系，高氮输入使叶片中的 P、Mg 浓度降低，N、Mn 浓度升高，导致叶片中 N/P 和 Mn/Mg 失衡。因此，营养失衡可能是导致光合作用下降的另一个原因。此外，氮沉降给光合作用带来负面效应有其他解释，如 Brown 等人认为高氮输入下叶片光合速率的降低可能与氮沉降导致的植物自遮蔽有关。也有研究认为光合作用下降可能是其他营养元素（如 P）的缺乏造成的。另外，较低的净氮利用率可能造成光合作用对氮输入的不响应。如 Hikosaka 等人认为尽管不同植物的叶氮与光合能力表现出类似的相关性，但不同植物的净氮利用率不一样，这使叶氮与光合能力相关性的强弱有差别。

氮沉降除了通过使叶氮含量升高来提高叶片光合速率外，还能够通过增加植物叶片面积及数目，使植物对光的竞争力增强，间接提高植物的光合能力。但也有不同的观点，如 Pregitzer 等人的研究观察到长期的氮沉降并没有增加植物叶片的面积，认为 ANPP 的增加主要依赖于植物叶片氮的增加。

2. 呼吸作用

氮沉降对植物呼吸作用影响的研究最多的是关于植物叶片暗呼吸。这些研究普遍认为供氮水平增加提高了叶片氮的含量，进而使植物呼吸上升。氮输入导致植物组织中蛋白质含量增加，这可能是植物呼吸上升的一个重要原因。因为植物组织（叶片、茎、根）中大部分的氮参与了蛋白质的合成，氮输入使植物叶蛋白质合成数量增加。这些蛋白质的维护和更新需要大量的能量的支持，因此促使植物呼吸（维持呼吸）上升。同理，氮增加促进了植物组织的生长，也会引起植物呼吸（生长呼吸）增加。

相对于叶片的研究，植物茎和根呼吸作用的相关研究较少。Reich 等人对287 种植物的叶片、茎、根的氮含量与植物暗呼吸的关系进行了研究，结果表明，不同植物茎和根的氮含量与呼吸作用也存在普遍的正相关关系。但是茎、根和叶片具有不同呼吸效应。该研究显示茎和根单位氮呼吸速率比叶片高，这与人们的经验认识相反。因为一般认为叶片是植物体较为活跃的生理组织，大部分的氮会被分配到叶片中而参与反应，叶片的单位氮呼吸速率应该比茎、根高。Reich 等人认为导致这一现象的原因有三个：（1）叶片内负责呼吸作用的组织总氮含量比茎、根低；（2）叶片中氮不仅用于呼吸作用，还部分用于光合作用；（3）与 Cannell 的理论一致，认为叶片进行光合作用时光反应产生的能量部分减轻了叶片的呼吸作用，从而降低单位氮的呼吸速率。

也有少数研究认为如果进入植物体的氮素并未向蛋白质分配，而以游离态氨基酸的形态贮存，可能不会引起呼吸速率明显的变化。此外，氮增加可能引发其他养分如 P、K、S 的限制作用，导致植物呼吸趋于最大值后开始下降。

3. ANPP 对氮沉降的响应机制

氮输入是否增加 ANPP 取决于植物所在环境的氮素饱和度如何。

当环境是氮限制时，氮沉降能够促进植物生产力。这是因为氮沉降提高了土壤有效氮水平，称为氮沉降的"施肥效应"。这方面的论文很多，主要是关于氮限制的温带森林的。目前，LeBauer 的研究认为氮限制具有全球性，大部分的森林生态系统是氮限制的，氮沉降可使全球森林 ANPP 增加约 29%。

当环境是氮饱和时，氮沉降可能对 ANPP 没有影响，甚至减少 ANPP。没有影响的原因可能是这些生态系统具有更高、更开放的氮循环机制，即高氮输入伴随着迅速且大量的氮输出。这种输出，氮限制的生态系统以可溶性有机碳（简称"DOC"）流失为主，而在氮饱和的生态系统的主要表现为硝酸盐的淋失和反硝化作用放出痕量气体。另一种可能是系统处于氮饱和的初期。Aber 的氮饱和理论认为，生态系统进入阶段二（即氮饱和）时，氮大量的流失或固持于土壤中，植物对氮的吸收减少，但系统并未马上出现明显的生产力下降。氮饱和对系统的健康和功能没有实质性的伤害，甚至短期内可能提高植物的生产力。氮沉降只有进入阶段三，生产力才出现明显的降低，此时过量的氮使光合作用下降，森林停止生长或趋向死亡。

过量的氮输入减少 ANPP 的原因可能是：（1）植物体内或土壤中营养元素比例失衡。首先，植物吸收过量氮并在体内累积会造成植物营养失衡。其次，氮沉降导致土壤中多余的 NO_3^- 淋失，并带走作为电荷平衡离子的 Ca^{2+}、Mg^{2+}、K^+ 等土壤阳离子，使土壤阳离子数量减少。再者，氮沉降使土壤中的 NH_4^+ 增加，植物对 NH_4^+ 有优先吸收的倾向，从而抑制了植物对 Ca^{2+}、Mg^{2+}、K^+ 等离子的吸收。此外，氮沉降还会导致土壤中 Al^{3+} 离子的溶出增加。Al^{3+} 不仅会对根系产生直接毒害作用，还会阻碍植物对其他离子及 P 的吸收。还有，氮沉降会导致菌根生物量减少，菌根对森林养分的吸收起重要作用，菌根的减少也会导致植物养分不足。（2）降低植物的抗逆性。一方面，过量的氮输入会降低植物的耐寒性。其原因可能是氮沉降提早了种子的发芽期，或者推迟了植物生理上进入寒冷季节的时间，从而延误了植物对气候的适应调节。同时，高氮状态可能降低植物体内碳水化合物的水平，使植物对霜冻的敏感性增强。另一方面，过量氮输入降低了植物防病虫害的能力。首先，氮输入使叶片氮含量增加，可能增加了植物叶片的适口性。其次，氮输入可能减少了植物叶片中抗虫害物质（如苯酚）的含量。如上所述，氮饱和会引起植物体内营养失衡，这两种原因都使植物本身抗害虫和真菌病原体侵染的能力减弱。

（二）地下部分碳吸存

森林地下碳库的流通包括了两个输入过程和两个输出过程。两个输入分别指凋落物和根系的碳输入，两个输出过程指微生物的分解作用和可溶性碳的淋失。因此，氮沉降通过影响这几个碳循环过程来影响森林地下碳库总量。

1. 土壤有机质（简称"SOM"）的输入

（1）凋落物的产量和分解速率

一般认为，氮沉降刺激植物生长将使凋落物产量增加，如 Liu 等人和 Lu 等人分别于 2010 和 2011 年发表综述论文，综合分析了多篇已发表论文的研究数据，认为氮沉降将带来全球生态系统平均凋落物产量增加约 20％。但是，也有研究显示，氮输入对凋落物年均总产量并没有影响，原因可能是不同植物物种对不同氮输入水平的差异性响应。例如，Li 等人研究了不同氮输入水平对中国东北桦木林和白杨混交林 2007～2008 年凋落物产量的影响，结果显示高氮处理（50 kg N hm^{-2} a^{-1}）相比低氮处理（25 kg N hm^{-2} a^{-1}）提高了其中四种植物的凋落物产量，抑制了白桦和红皮云杉这两种植物的凋落物产量。

凋落物产量增加并不就意味着 SOM 输入增加，SOM 输入还受凋落物分解速率的影响。分解速率越快，就有越多的分解残余物进入土壤形成 SOM。相反，SOM 的输入减少。

（2）细根周转

SOM 的另一个来源是细根周转，细根以根际沉积物形式向土壤输入碳。根系周转速度越快，细根向土壤中输入的碳越多，如更多的死根、根系死亡细胞或组织进入土壤，被微生物分解。Nadelhfer 等人在分析文献的基础上，提出了氮沉降引起的土壤氮有效性增加与细根周转关系的四个假说。Nadelhoffer 认为假说三的证据最充分，大部分的研究支持这一观点。假说三认为，随着土壤氮有效性的提高，树木细根生产量增加，寿命缩短，即周转率加快。这种格局存在的原因可能是在缺氮的生态系统中，氮沉降提高了土壤有效氮含量，促进了地上植物的生长并将大量的碳分配给地下根系，提高了根系的生产量。同时，根系中氮含量随之增加，提高了根系的呼吸速率。随着根系年龄的增长，呼吸速率减弱，为了维持较高的呼吸速率，根系可能采用缩短根系寿命的方式淘汰老根，即提高了根系周转率。另一个假说（假说二）刚好和假说三相反，即土壤氮有效性的提高，树木细根生产量减少，寿命缩短，即周转率变慢。Nadelhoffer 虽然认为这种格局存在的可能性不大，但依然有可能成立。近几年的部分研究支持了假说二，如 Burton 等人对美国密歇根州四个具有不同有效氮水平的糖枫为主的次生硬阔叶林细根（小于 1 mm）进行研究，发现当土壤氮矿化速率由 $0.29\ \mu g\ N\ g^{-1}$ 增加到 $0.48\ \mu g\ N\ g^{-1}$ 时，$0\sim50\ cm$ 深度的平均细根长度生产量下降，细根周转率从 0.66 下降到 0.56。另外两个假说（假说一和假说四），Nadelhoffer 认为不成立，即使成立也只能代表根系对氮有效性提高发生的瞬间变化。

2. SOM 的分解

（1）对底物 SOM 的影响

如上所述，氮沉降通过影响凋落物和根系动态改变 SOM 的输入数量。不仅如此，氮沉降还能影响 SOM 的质量，即化学性质。Neff 等人在科罗拉多高山苔原进行 ^{13}C、^{14}C 同位素研究时发现，氮输入使土壤轻组碳的化学组成发生了改变，相对难分解的木质素和两个多糖物质含量分别减少 93％和 91％，从而使轻组有机碳的分解速度加快。

SOM 分解速度加快一般发生于分解前期或见于短期的施肥试验。相反，在分解后期，SOM 的化学性质倾向于变得难以分解。Berg 等人提出一个理论：氮输入阻碍了分解后期残余碎屑及腐殖质的分解。因为外加氮会与木质素、酚类物质或者土壤中的芳族化合物发生聚合反应，形成化学结构更加稳定的木质素类物质或腐殖质类化合物。Hagedorn 等人利用开顶箱技术，发表了氮输入阻碍了土壤中老有机质的矿化这一观点。另一个理论认为，氮输入通过直接抑制微生物木质素分解酶的活性阻碍木质素的分解。如 KeySer 等人对层担子菌类白腐菌进行培养，在添加了 NH_4^+ 后发现，白腐菌内木质素降解酶合成受到抑制。

综上可以推测，氮输入刺激了新鲜有机质的分解，在分解后期残留碎屑或腐殖质与氮形成更多的难分解物质，加上分解酶活性降低等原因，阻碍了有机质的分解。Neff 等人的研究发现氮沉降加速土壤轻组碳的分解而促进稳定的重组碳的积累，支持了这个假设。

（2）对微生物的影响

氮沉降对微生物影响的研究很多，但是结论不一。目前，Treseder 等人综合分析了 83 篇已发表的论文，认为氮富集将减少微生物量，降低土壤呼吸。但是他们并没就此否定在低氮沉降或者氮沉降早期，氮输入能够刺激微生物的生长及活性的可能。

以下七个潜在的机理能解释氮沉降对微生物的影响：①氮沉降带来的离子影响了土壤溶液的渗透势，使微生物中毒，从而直接限制微生物的生长。②氮饱和降低了土壤 pH，导致 Mg^{2+}、Ca^{2+} 流失和 Al^{3+} 溶出，使微生物生长受 Mg^{2+}、Ca^{2+} 限制或者导致 Al^{3+} 中毒。③氮沉降直接影响微生物酶的活性，尤其会影响木质素溶解酶和纤维素降解酶的活性，如上文所述的白腐菌的实验。Deforest等人发现施氮使纤维素降解酶活性降低24％。也有研究显示，氮输入抑制木质素酶的活性却促进纤维素酶的活性，这两种酶的不同响应的净结果取决于有机物的化学组分比例。④氮沉降加剧土壤微生物碳限制。首先，氮沉降减少了细根和真菌向土壤输入的碳。其次，氮输入使含氮化合物能与含碳化合物结合形成类黑精或者增加多酚类物质的聚合性。这二者均不易分解，从而减少了可被微生物利用的碳量。再者，氮输入阻碍白腐菌合成木质素酶，木质素分解受限使包裹于木质素内的多糖物质难以被微生物利用。⑤氮沉降增加地上部分NPP，缓解了土壤碳限制。这对表层土壤的微生物极为重要。同时，氮沉降可能影响植物群落的组成，改变叶片的质量，影响进入土壤的轻组碳量。⑥氮沉降改变微生物对底物的利用模式。研究表明，氮沉降降低了微生物对含氮底物的利用。⑦不同的微生物种群对氮输入的响应程度是不同的，这也导致了微生物数量变化的差异及微生物的群落组成、物种多样性的改变。

　　3. 土壤可溶性碳的淋失

　　土壤可溶性碳包括了可溶性有机碳（简称"DOC"）和可溶性无机碳（简称"DIC"）。氮沉降与DIC的关系研究较少，故在此不做介绍。土壤DOC的相关研究也曾一度很少，但近几年的相关研究发现，全球许多河流水中的DOC含量有显著增加的趋势，特别在美国和英国的河流中，DOC浓度增加了一倍，原因可能是氮沉降导致土壤DOC淋失增加。这一现象使土壤DOC的研究重新受到关注。氮沉降对土壤DOC影响的研究最早见于Aber等人和Guggenberger等人于1992年发表的论文。Aber等人认为DOC是微生物重要的能量来源，同时氮输入可以改变、刺激微生物的活性，因此推测DOC的释放势必受到活性氮输入的影响。之后的研究结论不一。野外试验（如欧洲NITREX的样地研究）显示，4～6年的氮添加并没有改变土壤DOC含量。得到相同的结论的还有McDowell等人和Yano等人。相比之下，Vestgarden在挪威南部进行长达9年氮施肥后，土壤DOC含量显著降低，这与Park等人在BITOK落叶林的研究结果一致。相反，Pregitzer等人在温带森林及Cusack在热带森林的施氮研究均发现土壤DOC的增加。室内培养实验，如Sjoberg等人和Magill等人的研究，分别对腐殖质和落叶的分解进行实验室培养研究，均发现DOC的释放量没有显著变化。但是，Gudde等人和Michel等人在实验中观察到DOC释放速率降低。

　　在目前的研究中，有以下几个机理可以解释氮沉降如何引起土壤DOC浓度的变化：（1）DOC的主要来源是凋落物的微生物分解。氮沉降增加了凋落物数量及凋落物所含营养物质的丰度，将为微生物分解释放DOC提供了更多优质的分解底物。（2）氮输入可能增加微生物活性，促进 SOM 的分解，增加 DOC 的释放。Aber 等人的研究假设微生物固定氮沉降带来的活性氮需要额外的能量，则微生物可能吸收土壤中的 DOC，进而减少土壤 DOC 的含量。（3）氮沉降通过影响分解酶的活性影响 DOC 的释放。研究证明，氮输入会抑制木质酶的活性，增加木质素的不完全分解而释放出部分的 DOC。（4）影响土壤离子强度。土壤有机质的溶解主要依靠电荷密度。土壤离子强度增加会降低电荷密度，导致有机碳溶解性降低而析出，DOC 含量下降。另一方面，很多的阴离子（如 SO_4^{2-}、NO_3^-）会与 DOC 发生置换反应，直接将 DOC 从溶液中置换出来。氮沉降通过直接输入离子，或者氮饱和下导致土壤中盐基离子流失都可能间接改变土壤 DOC 含量。（5）改变土壤 pH。其实土壤离子强度和 pH 对 DOC 的影响很难区分开来，因为前者在很大程度上影响着后者。pH 的高低同样会影响土壤有机质的电荷密度。pH 下降，电荷密度降低，有机碳从溶液中析出增加，DOC 含量降低。此外，也有研究认为 DOC 应该是与土壤酸中和容量胁迫（ANC forcing）有关，而不是 pH。Evans 等人认为不同的氮输入形式对 DOC 含量影响不同。当氮输入以硝态氮为主时，产生正"ANC forcing"，有机酸溶解性上升，DOC 增加。如果氮输入以铵态氮为主，那么结果相反。（6）与 C/N 相关。例如，Kindler 等人研究发现，5～40 cm 的土壤 DOC 淋失与 C/N 成正相关关系。其原因可能是贫氮有机质（C/N 高）有利于更多的可溶性残留物的产生，从而增加土壤 DOC 的产出。氮沉降一般会降低 C/N，这就意味着氮沉降可能会减少 DOC 的产生。

四、氮沉降对森林碳吸存影响的研究方法

目前，氮沉降对森林碳吸存影响存在以下四种主要的研究方法。

第一，长期定位模拟氮沉降法。在固定的样地内，通过喷洒氮肥从而模拟自然的氮沉降情况，研究不同施氮水平和施氮时间下森林碳吸存的变化情况。例如，密西根硬木森林、瑞典和芬兰森林、美国 Harvard 森林和中国鼎湖山自然保护区等氮沉降模拟试验样地上研究。这种方法的优越性在于可人为控制施氮水平和时间，使研究的目的性更强，而缺点在于很难完全真实的反映自然状况。因为自然状态下的氮沉降是均匀施加的，而这种模拟实验是间断性的集中施氮。同时，施氮时间要求较长，一般长于 10 年，因为森林碳吸存对氮沉降的响应需要很多年才能表现出来。

第二，氮沉降梯度法。在大范围的空间区域内，沿着氮沉降梯度选择研究样点，分析不同氮沉降水平下森林生态系统碳吸存的变化。例如，Thomas 等人在美国东北部和北中部地区的植被调查研究及 Magnani 等人和 Sutton 等人在欧洲

的研究。这种方法可以克服了第一种方法施氮时间长的缺点，因为所选择的样点均已接受了多年的天然氮沉降。但是这种方法也有缺点：不同研究样点的气候、海拔、坡度、树种组成、土壤特征、氮沉降历史和土地利用历史等非实验因素的差异很大。这使实验结果的可信度降低。

第三，同位素法。利用^{14}C、^{13}C同位素可研究土壤有机碳来源、周转周期、土壤CO_2通量的变化和组分区分以及同位素富集等，如Neff等人在科罗拉多高山苔原的研究。此外，利用^{15}N同位素示踪技术可以知道氮输入植物和土壤后的分配、转化和固持等过程。结合C/N，可计算土壤碳通量。例如，Nadelhoffer等人在美国和欧洲的研究及Melin等人在瑞典中部的研究。同位素法的优点是为研究不同时间尺度生态系统碳氮过程提供了强有力的工具，缺点是测量精度要求很高。因为研究中处理的同位素比值变化微小，人为的些许误差都可能会导致数据的错误。此外，^{13}C同位素无法测量生态系统碳通量，^{14}C对长时间尺度的碳循环分析存在一定的偏差，无法阐明土壤有机质的异质性。

第四，模型研究利用目前关于氮沉降对森林碳吸存研究的最权威认识，建立模型，预测未来森林碳吸存对氮沉降的响应。例如，Dezi等人的G'DAY森林碳氮循环模型研究，Levy等人的CENTURY、BGC和Hybrid模型研究，Sutton等人的EFM、CENTURY和BGC模型研究，Wamelink等人的SUMO2模型研究等。模型研究的优点是在于具有预测作用，缺点是需要较高的理论基础。因为人们对生态系统中一些基本过程缺乏必要的了解，所以构建的模型相对简单。

第二节　氮沉降对森林植物的影响

一、氮沉降对植物生产力的影响

氮沉降增加或减少植物生产力取决于这些植物所处的森林生态系统的氮素饱和度如何。当植物生长受氮限制时，一定的氮沉降量可以增加生产力；当生态系统处在氮饱和状态，也就是通过大气干、湿沉降输入生态系统的氮超出植物和微生物等的需求时，氮沉降就会减少生产力。

（一）当植物生长受氮限制时

氮沉降一定程度上会增加土壤有效氮水平，因此，氮沉降率的增加在短期内会促进植物生产力。在这方面，常见的例子就是林业经营上通过施加氮肥来促进林木生长。尽管如此，对于氮沉降是否以及如何促进森林植物生长方面的研究，在近几年才引起人们的重视，并且这些研究局限于温带的欧洲和北美的森林。这些研究结果显示，目前欧洲和北美森林的生长速度比 20 世纪早期要快，尽管原因可能是多方面的，但大气氮沉降的施肥作用是其中一个原因。一些人为模拟氮沉降的试验也证实了氮输入对森林植物生长具有一定程度的促进作用。在美国哈佛森林的长期生态系统研究中，学者们从 1988 年开始对两类森林（针叶林和落叶阔叶林）开展了模拟氮沉降试验，经过 9 年的施氮处理，阔叶林高氮处理的样方林木生物量比对照增长了近 50%，低氮处理的样方林木生物量也比对照有所增长。

大气 CO_2 和活性氮浓度增加都是工业发展和社会发展产生的两种全球性现象，两者均在一定程度上对植物产生"施肥效应"。但一些研究表明，氮沉降对森林植物生长的这种"施肥效应"强过大气 CO_2 浓度增加的"施肥效应"。欧洲 RECOGNITION 项目（一项旨在探明欧洲森林生长加快的原因的研究项目）的研究结果表明，目前欧洲森林生长加快的主要原因是氮沉降，而气候变化和 CO_2 浓度升高的作用还在其次。又如 Zak 等人研究了不同 CO_2 浓度（350 M/L 和 700 M/L）和不同土壤供氮水平（足与不足）对白杨树幼树生长的影响，其结果表明，土壤中氮含量的增加导致生物量增长了 223%，而 CO_2 浓度的增加仅使生物量增长了 32%。

此外，氮沉降与 CO_2 浓度升高对植物的生长起协同增效作用。因为 CO_2 浓度升高对植物生长的促进作用在很大程度上受制于氮素供应力，氮沉降在一定程度上可以满足在 CO_2 浓度升高的条件下植物的营养需求。例如，Zak 等人发现在土壤有效氮水平高的条件下，CO_2 浓度升高对生物量增长的促进作用是在低氮条件下的两倍。

Pregitzer 等人也发现，在土壤氮供应充足条件下，大气 CO_2 浓度的增加使植物细根生物量增长了 6 倍；而在氮供应不足的条件下，CO_2 浓度的增加仅使细根生物量增长 17%。类似的结果也见于 Sonnleitner 等人和 Lloyd 等人的研究。

但是，氮沉降与 CO_2 浓度升高的协同增效作用程度受土壤条件的影响。Sonnleitner 等人研究了在不同土壤条件下，云杉/山毛榉森林对 CO_2 浓度增加和土壤氮素含量增加的响应。在酸性土壤中，土壤氮素含量增加导致叶片生物量增长了 37%，CO_2 浓度增加导致叶片生物量增长 10%，而当 CO_2 和土壤氮素含量同时增加时，叶片生物量增长了 77%，比预计的 51% 大大提高。在石灰质土壤中，土壤氮素含量的增加使叶片生物量减少了 8%，CO_2 浓度增加导致叶片生物量增长了 6%，当两者同时增加时，叶片生物量增长了 19%。Lloyd 研究模拟一片温带森林对 CO_2 浓度和氮沉降增加的响应。他根据 20 世纪 70~80 年代早期 CO_2 浓度升高计算出森林的净初级生产力应增长约 25%；同一时期氮沉降增加应使森林的 NPP 增长约 25%。当考虑 CO_2 和氮沉降的综合效应时，他发现两者的协同作用使 NPP 增长了 40%，这比预期的 CO_2 和氮沉降同时增加时 NPP 的增长幅度（约 34%）约高 6 个百分点。

（二）当输入的氮过量时

以上的资料均来自欧洲和北美温带森林的研究，对于热带森林，情况可能不同，因为绝大多数热带森林植物生长并不受氮限制，而受其他营养（如磷、钙）限制，人为引起的氮沉降的增加可能不会促进热带森林植物生长，反而会通过引起土壤酸化和磷及盐基阳离子的可利用性降低，对植物生长不利。

就温带森林而言，尽管氮沉降对植物生长的短期性促进作用能增加林木生产并在一定程度上减缓大气 CO_2 浓度的上升，但当输入森林中的氮超过了植物和微生物的营养需求后，氮沉降的这种效应会改变其遗传组成及生态系统营养循环，对整个系统是不利的。如哈佛森林的试验，经过 9 年的氮处理后，松林林木生物量随着氮输入量的增多而减少，高氮处理（150 kg N hm^{-2} a^{-1}）样方林木生物量与对照相比显著减少。一些研究甚至表明，较低的氮输入也会导致林木生产力的下降。如在美国东北部的一片高海拔云杉森林，经过 6 年的施氮处理（施氮量为 6~31 kg N hm^{-2} a^{-1}），针叶树种和阔叶树种的生产力均下降了，而在前 3 年林木生产是显著增加的。在欧洲的 NITREX 研究中，人们对氮沉降高的森林进行去氮处理后，其 NPP 增长了 50%，这从另一方面说明了过量的氮对植物生长具有抑制作用。

氮沉降降低植物生产力的极端例子是引起森林衰退。DenBoer 等一些生态学家观察到，荷兰的森林衰退与大气氮沉降之间存在显著的相关性。

二、氮沉降对植物营养状况的影响

那么，过量的氮沉降如何使植物生产力下降呢？目前的研究认为，主要原因是植物营养失衡，过量的氮对植物的直接毒害作用是次要的。

氮沉降能造成植物体内营养元素的比例失衡的原因有以下两方面。一方面，在氮沉降率高的地区，植物的根系和树冠对过量的氮进行大量吸收，从而引起氮在植物体内累积。如在氮沉降高的荷兰，很大一部分氮通过树冠进入植物体内，导致叶片中自由铵离子浓度很高。另一方面，过量的氮沉降造成土壤中多余的氮

以 NO_3^- 形式从土壤中淋失，导致 Mg^{2+}、K^+、Ca^{2+} 等（NO_3^- 的电荷平衡离子）从土壤中淋失，土壤库中盐基离子量减少。同时，氮沉降引起土壤中的铵离子增加，而许多植物对铵有优先吸收的特性，铵离子的存在会抑制植物对 Ca^{2+}、Mg^{2+}、K^+ 的吸收。此外，氮沉降也会引起土壤中 Al^{3+} 的溶出增加，Al^{3+} 的存在会抑制植物对其他阳离子及 P 的吸收。再加上氮沉降引起细根生长下降和菌根侵染减少，造成植物对营养元素的吸收减少

营养失衡具体表现在叶片中氮含量显著升高，而盐基阳离子如 Ca^{2+}、Mg^{2+} 和 K^+ 及 P 和 B 含量下降，结果使 N 盐基离子比值升高，Ca/Al 值下降，Mn/Mg 值升高。就针叶林而言，各营养元素含量最适范围分别为 1.3%～1.8%（N），0.5%～0.8%（K），0.06%～0.10%（Mg）；最适比值为 25～50（K/N），5～10（Mg/N），超过这些范围就会出现营养失衡营养失衡，会降低净光合效率、光合作用氮利用率及植物对病虫害的抵抗力，从而降低森林活力，增加林木死亡率。

营养失衡也会引起叶片自由氨基酸、酚类、木质素等水平发生变化。进入植物体内的大部分多余氮在细胞内被转化为自由氨基酸，尤其精氨酸会被贮存起来。自由氨基酸在植物体内累积会干涉细胞内的许多生化过程，从而对植物产生毒害作用。有研究发现，当针叶中精氨酸含量约达到总氮量的 30% 时，林木生产明显下降，而当氮输入减少后，针叶中的精氨酸含量明显下降，同时林木生长明显提高，因此，针叶中精氨酸的浓度一定程度上是判断氮沉降是否达到毒害水平的很好指标。

三、氮沉降对植物体形态的影响

（一）伤害叶片

过量的氮沉降会引起植物叶损失和变色。欧洲森林监测网络的数据表明，在中欧氮沉降严重的地区，森林叶损失和叶发黄现象比其他地区严重，尽管可能的原因不一，但这些地区的高氮沉降是一个重要原因。在一些模拟试验中也能观察到氮处理引起叶损失的现象。

此外，氮氧化物会对叶片造成直接伤害。植物叶片可以从大气中直接吸收氮氧化物并形成亚硝酸和硝酸。当生成的亚硝酸和硝酸超过某一限阈时，植物组织便会受到伤害。

（二）减少根冠比

氮沉降在一定程度上对地上部分植物的生长有促进作用的同时，对根系的生长有不利作用。现有的研究表明，氮沉降会使根部生物量生产减少及根系在土层中的

分布变浅。如 Dijk 等人对几种针叶树种的小树进行了施氮研究，发现 7 个月后施氮量最高的植株的细根生物量减少了 36%。在 NITREX 试验中，人为减少氮沉降后，森林的细根生物量及根尖数量都增加了，说明了氮沉降抑制了细根的生长。

氮沉降增加引起细根生物量生产下降及分布变浅的主要原因是土壤的理化性质发生了变化，土壤溶液的理化性质与根的生长和结构显著相关。如根尖的数量与土壤溶液中的 Ca/Al 有关；铝很容易在植物根尖富集，抑制根的生长。土壤营养失衡导致植物体内 Mg 和 K 亏损，从而限制生物量向根分配。同时，氮沉降引起矿质层中碱性阳离子亏损，而凋落物层不断接受新的凋落物及其分解，矿质层保持着较高的碱性阳离子浓度和 pH，这样分布在矿质层中的根系不断减少，而分布在土壤表层的根系逐渐增加。

可见，氮沉降一方面使根系的生产下降及分布变浅，另一方面在一定程度上促进地上部分的生长，这种生长模式的变化最终引起根冠比减少。如有研究显示，经过 4 年的氮处理（25 kg N hm^{-2} a^{-1}），山毛榉的小树的根冠比从 1 减小到 1/3 至 1/25。

四、氮沉降对植物抗逆性的影响

（一）对冷、冻害的敏感性

有关氮沉降对植物抵抗冷、冻害胁迫能力影响的研究目前还不够深入，大部分研究集中在少数几种针叶树种对氨或铵的响应上。一些模拟试验表明，氮沉降会改变植物的生物物候学特性，表现在发芽期提早及生长期延长，从而使植物遭受冷、冻害损伤的概率增加。Aronsson 发现，当针叶中的氮含量高于 1.8% 时，欧洲赤松遭受冻害损害的概率就大为增加。但 Clement 等人对氨处理的欧洲赤松针叶抗冻力进行研究，认为对冻害敏感性增加不是因为氮含量增加了，而是因为营养失衡，尤其是 N/K 失衡。有些研究发现，氨处理增强了某些针叶树种（如红果云杉和欧洲赤松）抵抗冷冻害胁迫的能力。还有些研究发现，氨处理对植物抵抗冷冻害的能力没有影响。这些不同结论产生的原因可能与氮处理持续时间及植物种类有关。

（二）对干旱的敏感性

氮沉降会引起植物根冠比和细根的生长减小及菌根的侵染减少，由此引起植物获取水分的能力下降，从而对干旱的敏感性增加。如 20 世纪 80 年代中期的干旱年份，生长在荷兰高氮沉降地区的许多森林树种的活力变得非常低，但在接下来的正常年份恢复正常了。

（三）对病虫害的敏感性

氮沉降会导致植物（尤其是叶片）营养失衡及氮的含量显著提高。氮是植物组织可口性的重要决定因子，氮含量提高会使叶片或芽的可口性增加，导致昆虫啃食增加。另外，一些植物次生物质如苯酚对植物抗虫力非常重要，氮沉降导致一些植物叶片中苯酚减少，进而引起植物抵抗虫害的能力下降。在一些欧石楠地中的试验里，人们已经观察到了氮沉降与昆虫啃食之间存在明显的关系，但还缺乏森林这方面的数据。

营养失衡也会引起植物抵抗病原体侵染的能力大大减弱，因此高氮沉降引起森林遭受病害损害的机会大大增加。在瑞士西北部的一片山毛榉森林，人们观察到了由鲜红丛赤壳（Nectria ditissima）引起的坏死斑数量与叶片中 N/K 的比值成正相关。1982 年至 1985 年松树枯梢病（Sphaeropsis sapinea）流行期间，在荷兰针叶林中观察到，东南部氮沉降特别高的地区森林受损最严重。

第三节　氮沉降对森林土壤的影响

氮沉降的增加对森林土壤的影响已成为近年来生态学研究的热点之一。已有研究表明，氮沉降导致森林营养失调、土壤酸化、盐基离子流失；氮沉降影响森林土壤氮矿化的速率且存在累加效应；氮沉降的增加能使森林土壤 pH、有机质、速效 P、速效 K 和交换性 Ca^{2+}、Mg^{2+} 含量呈下降趋势；氮沉降对土壤有效氮也有影响。

一、氮沉降对森林土壤化学性质的影响

有关氮沉降对不同林型土壤化学性质影响的比较研究甚少。本节在鼎湖山国家级自然保护区（代表性森林类型为季风常绿阔叶林、马尾松林、针阔叶混交林）和增城样地模拟氮沉降的条件下，对其土壤化学性质的变化进行研究，以探讨氮沉降对不同林型土壤化学性质的影响，为进一步研究大气氮沉降的生态效应和大气氮污染的防治提供依据。

（一）材料与方法

1. 试验地概况

鼎湖山国家自然保护区位于广东省中部。保护区总面积约为 1133 hm^2，具

有明显的季风性，年平均降雨量为 1927 mm。季风常绿阔叶林为本地带代表性的森林类型，其结构复杂，乔木层优势树种有黄果厚壳桂、木荷和锥栗等，林龄 400 多年。自然林周围分布较广的是马尾松林和针阔叶混交林。土壤属于赤红壤。鼎湖山自然保护区降水氮沉降在 1990 年为 35.57 kg·hm^{-2}·a^{-1}，在 1999 年为 38.4 kg·hm^{-2}·a^{-1}。

增城样地位于广州增城区朱村街风岗村，监测点位于东经 113°17′30.34″，北纬 23°39′40.00″，周边主要为农林交错区。增城样地地处南亚热带，气候温热多雨，年均温度为 21.9℃，年均降水量为 1937.3 mm（增城 1961～2010 年的降水量平均值），但降水季节分布不均，春夏多雨，秋冬少雨，干湿季节交替明显。在种植木荷之前，土壤属于旱地赤红壤。据计算，该样地的大气氮湿沉降量为 2384.66 mg·m^{-2}·a^{-1}（约为 23.85 kg·hm^{-2}·a^{-1}）。

（二）试验设计与方法

鼎湖山自然保护区：2002 年 10 月在马尾松林、针阔叶混交林（以下简称"混交林"）和季风常绿阔叶林（以下简称"阔叶林"）三种林地上分别建立了 9 个、9 个和 12 个 10 m×20 m 的模拟氮沉降长期试验样方。样方之间留有约 10 m 的间隔，防止互相干扰。马尾松林和混交林分别设置对照、低 N 和中 N 等 3 个处理组，阔叶林设置对照、低 N、中 N 和高 N 等 4 个处理组，每个处理组都设 3 个重复。对照、低 N、中 N、高 N 处理分别记为 N0（N：0 g·m^{-2}·a^{-1}）、N5（N：5 g·m^{-2}·a^{-1}）、N10（N：10 g·m^{-2}·a^{-1}）和 N15（N：15 g·m^{-2}·a^{-1}）。为了统一四个林型的模拟氮沉降处理数，暂不讨论阔叶林 N15 的处理情况。从 2003 年 7 月开始，每月月初对三个样地进行模拟大气氮沉降处理。

增城样地：在木荷人工幼林设置三个氮沉降处理，分别为 N0（N：0 g·m^{-2}·a^{-1}）、N5（N：5 g·m^{-2}·a^{-1}）以及 N10（N：10 g·m^{-2}·a^{-1}），每个处理设置 3 个重复，共 9 个小区，随机区组排列，每个小区面积为 225 m。从 2011 年 3 月开始，每个小区种植 25 株苗龄为 2 年的木荷幼苗，小区之间以田埂、排水沟和保护带分隔。2011 年 4 月，开始对样地进行氮沉降处理，以 NH$_4$NO$_3$（分析纯）为氮源，根据增城 1960～2010 年每月的平均降雨量分配氮的模拟湿沉降量，并根据每月分配得到的氮量的多少，实行每月 1 次、或 2 次、或 3 次、或 4 次喷施，分配量最小的每月喷施 1 次，分配量最大的每月喷施 4 次，介于二者中间的每月喷施 2 次或 3 次。当每月只有 1 次喷施时，施用时间为每月中旬；当每月有 2 次、或 3 次、或 4 次喷施时，喷施时间分别为大约 15 天 1 次、或 10 天 1 次、或 7～8 天 1 次。将每个样方每次所需要喷施的 NH$_4$NO$_3$ 溶解在

2.0 L 的蒸馏水中，然后用背式喷雾器在林地人工来回均匀喷洒，水溶液从冠层上方降落在林地上，给对照样方喷洒等量的蒸馏水。

（三）取样与处理方法

2006 年 3 月、2007 年 1 月、2007 年 9 月、2012 年 12 月分别在鼎湖山马尾松林、阔叶林、混交林和增城的木荷人工幼林的每个样方内按 X 形五点取样法进行采样，除去土壤表面上覆盖的枯枝落叶，取土深度为 0～20 cm，将土壤样品混合均匀，依四分法舍取，剔除杂质，自然风干，研磨过筛，储存于玻璃瓶中备用。

鼎湖山马尾松林、阔叶林、混交林和增城木荷人工幼林的土壤采样时间分别距开始模拟大气氮沉降的时间为 31 个月、42 个月、50 个月和 20 个月。

（四）测定方法

采取以下方法对土壤各化学性质进行分析。

土壤 pH：采用电位法测定（待测液选用"水提"，水土质量比为 2.5：1）

土壤有机质：采用重铬酸钾-H_2SO_4 氧化（油浴）外加热法测定。

土壤全氮：采用"硫酸-硫酸铜-硫酸钾-硒粉"消煮法，碱解-扩散法测定。

土壤全磷：采用"碱解-钼锑抗比色法"测定（即土壤经 NaOH 高温熔融分解后，再按钼锑抗比色法测定土壤全磷含量）。

土壤全钾：采用"碱熔-火焰光度"法测定（即土壤经 NaOH 高温熔融，再用火焰光度法测定土壤全钾含量）。

土壤水解性氮：采用"碱解-扩散"法测定。

土壤速效磷：采用"盐酸-硫酸浸提法"测定。

土壤速效钾：采用"中性 1 mol·L^{-1} 乙酸铵浸提-火焰光度发"测定。

土壤阳离子交换量：采用"中性 1 mol·L^{-1} 乙酸铵交换法"测定。

土壤交换性钙（1/2Ca^{2+}）和镁（1/2Mg^{2+}）：采用"1 mol·L^{-1} 乙酸铵交换液-原子吸收分光光度法"测定。

土壤交换性钾和钠：采用"中性 1 mol·L^{-1} 乙酸铵交换液-火焰光度法"测定。

土壤交换性盐基总量：把分别测定的盐基组成（1/2Ca^{2+}、1/2Mg^{2+}、K^+、Na^+），用加和法计算交换性盐基总量。

土壤盐基饱和度（％）＝［（CEC－交换性酸量）×100％］÷CEC＝交换性盐基总量×100％÷CEC。

（五）数据分析

使用 Excel 2003 和 SPSS 16.0 软件对试验数据进行统计分析，结合 Duncan

新复极差法对各指标进行差异显著性检验（α＝0.05）。

二、氮沉降对鼎湖山阔叶林土壤化学性质的影响

由表 4-1 可知，氮沉降处理使阔叶林土壤 pH 明显下降，随着氮沉降水平的增加，酸化程度加深。当氮沉降水平达到 N10 时，pH 与对照相比下降了 0.11，差异达到显著性水平（P＜0.05）。此结果与 Bergkvist 等人的研究结果相一致。

氮沉降处理对阔叶林土壤中盐基离子 Na^+ 含量的影响较大，差异达显著性水平（P＜0.05），随着氮沉降量的增加，Na^+ 含量先上升后下降。N5 处理时，Na^+ 含量有所上升，其中原因还不是很清楚。N10 处理时，土壤中 Na^+ 淋失严重，下降至 0.06 $cmol \cdot kg^{-1}$，比对照组降低了 40.0%，说明氮沉降的增加导致土壤中 Na^+ 淋失。

表 4-1　模拟氮沉降对阔叶林土壤化学性质的影响

氮沉降处理	pH	w（有机质）（%）	w（全氮）（%）	w（全磷）（%）	w（全钾）（%）	w（水解性氮）（mg·kg^{-1}）	w（速效磷）（mg·kg^{-1}）	w（速效钾）（mg·kg^{-1}）
N0	4.08±0.04b	4.56±0.9a	0.19±0.03a	0.02±0.00a	1.83±0.03a	161.62±22.84a	0.76±0.09a	60.00±5.20a
N5	4.07±0.02b	4.25±0.73a	0.17±0.02a	0.02±0.00a	1.81±0.08a	155.24±18.68a	0.82±0.10a	64.17±3.63a
N10	3.97±0.02a	4.75±0.4a	0.20±0.01a	0.02±0.00a	1.87±0.09a	175.69±9.29a	0.71±0.01a	53.33±6.01a

氮沉降处理	b（代换量）（cmol·kg^{-1}）	b（盐基总量）（cmol·kg^{-1}）	盐基饱和度（%）	b（Ca^{2+}）（cmol·kg^{-1}）	b（Mg^{2+}）（cmol·kg^{-1}）	b（K^+）（cmol·kg^{-1}）	b（Na^+）（cmol·kg^{-1}）	
N0	13.85±1.73a	0.64±0.07a	4.69±0.52a	0.26±0.01a	0.09±0.01a	0.18±0.04a	0.10±0.02ab	
N5	12.87±1.36a	0.67±0.08a	5.18±0.34a	0.24±0.02a	0.08±0.01a	0.20±0.05a	0.14±0.01b	
N10	13.81±0.29a	0.54±0.07a	3.91±0.41a	0.25±0.02a	0.07±0.01a	0.17±0.03a	0.06±0.02a	

注：同一列数据后面的不同字母表示在 p＜0.05 时，差异达显著性水平。

从表 4-1 中还可知，在本试验时间内，氮沉降处理对阔叶林土壤中有机质、全氮、全钾、水解性氮、速效磷、速效钾含量、代换量和盐基总量、盐基饱和度、交换性 Ca^{2+}、交换性 Mg^{2+}、交换性 K^+ 含量略有影响，但各项指标与对照组相比，均不存在显著性差异；氮沉降处理对阔叶林土壤中的全磷含量暂不存在影响，不同氮沉降水平下，全磷质量分数均为 0.02%。

三、氮沉降对鼎湖山马尾松林土壤化学性质的影响

从表 4-2 可知，氮沉降处理同样使马尾松林土壤 pH 下降，随着氮沉降水平的增加，酸化程度加深，但总体下降幅度较小。

表 4-2　模拟氮沉降对马尾松林土壤化学性质的影响

氮沉降处理	pH	w（有机质）（%）	w（全氮）（%）	w（全磷）（%）	w（全钾）（%）	w（水解性氮）(mg·kg^{-1})	w（速效磷）(mg·kg^{-1})	w（速效钾）(mg·kg^{-1})
N0	4.13± 0.03a	2.27± 0.23a	0.11± 0.01a	0.02± 0.00a	1.99± 0.08a	95.12± 1.23b	1.03± 0.04a	36.67± 3.33a
N5	4.07± 0.02a	2.32± 0.19a	0.11± 0.01a	0.02± 0.00a	2.16± 0.12ab	92.44± 3.16ab	1.09± 0.03a	30.00± 2.89a
N10	4.05± 0.03a	2.15± 0.20a	0.11± 0.01a	0.02± 0.00a	2.35± 0.07b	84.39± 2.96a	0.92± 0.16a	35.00± 5.00a

氮沉降处理	b（代换量）(cmol·kg^{-1})	b（盐基总量）(cmol·kg^{-1})	盐基饱和度（%）	b（Ca^{2+}）(cmol·kg^{-1})	b（Mg^{2+}）(cmol·kg^{-1})	b（K^+）(cmol·kg^{-1})	b（Na^+）(cmol·kg^{-1})	
N0	9.11± 1.42a	0.59± 0.07a	6.92± 1.61a	0.25± 0.01a	0.04± 0.01a	0.11± 0.00a	0.19± 0.06a	
N5	9.77± 0.90a	0.53± 0.03a	5.54± 0.78a	0.30± 0.02b	0.04± 0.00a	0.11± 0.00a	0.07± 0.02b	
N10	8.67± 1.31a	0.47± 0.02a	5.73± 0.89a	0.27± 0.01ab	0.04± 0.00a	0.11± 0.00a	0.06± 0.02b	

注：同一列数据后面的不同字母表示在 $p<0.05$ 时，差异达显著性水平。

氮沉降处理对马尾松林土壤中水解性氮和 Na^+ 含量的影响比较明显，在 N10 处理时，这两个指标与对照组相比，差异均达显著性水平（$p<0.05$）。随着氮沉降量的增加，水解性氮和 Na^+ 含量急剧下降，Na^+ 淋失现象严重。在 N5 处理时，Na^+ 的质量摩尔浓度为 0.07 cmol·kg^{-1}，与对照组相比，下降了 63.2%。

N10 处理时，Na^+ 的质量摩尔浓度为 0.06 $cmol \cdot kg^{-1}$，与对照相比，下降了 68.4%，差异都达到显著性水平（$p < 0.05$）。氮沉降处理使得马尾松林土壤全钾、Ca^{2+} 的含量上升，与对照组相比，差异都达到显著性水平（$p < 0.05$）。氮沉降使马尾松林土壤全钾、Ca^{2+} 含量如此变化的原因需要进一步研究。

从表 4-2 还可知，在本试验时间内，氮沉降处理对马尾松林土壤中的有机质、速效磷、速效钾含量、代换量和盐基总量、盐基饱和度略有影响，但均不存在显著性差异；对马尾松林土壤中全磷含量、交换性 Mg^{2+}、交换性 K^+ 含量暂不存在影响。不同氮沉降水平下，全磷质量分数均为 0.02%。

四、氮沉降对鼎湖山混交林土壤化学性质的影响

从表 4-3 可知，氮沉降处理使混交林土壤 pH 下降，但总体下降的幅度较小，不存在显著性差异。

表 4-3　模拟氮沉降对鼎湖山混交林土壤化学性质的影响

氮沉降处理	pH	w（有机质）（%）	w（全氮）（%）	w（全磷）（%）	w（全钾）（%）	w（水解性氮）（$mg \cdot kg^{-1}$）	w（速效磷）（$mg \cdot kg^{-1}$）	w（速效钾）（$mg \cdot kg^{-1}$）
N0	4.10±0.05a	2.05±0.21a	0.09±0.00a	0.02±0.00a	1.44±0.14a	73.92±5.24a	0.51±0.09a	46.25±3.62a
N5	4.00±0.00a	2.13±0.08a	0.09±0.00a	0.02±0.00a	1.30±0.04a	80.29±2.66a	0.50±0.08a	47.50±5.20a
N10	4.05±0.03a	1.86±0.17a	0.08±0.00a	0.02±0.00a	1.42±0.07b	68.78±4.32a	0.54±0.04a	41.67±1.67a

氮沉降处理	b（代换量）（$cmol \cdot kg^{-1}$）	b（盐基总量）（$cmol \cdot kg^{-1}$）	盐基饱和度（%）	b（Ca^{2+}）（$cmol \cdot kg^{-1}$）	b（Mg^{2+}）（$cmol \cdot kg^{-1}$）	b（K^+）（$cmol \cdot kg^{-1}$）	b（Na^+）（$cmol \cdot kg^{-1}$）
N0	7.46±0.26a	0.42±0.01a	5.59±0.26a	0.10±0.01a	0.07±0.00a	0.15±0.02a	0.10±0.01a
N5	8.38±0.61a	0.38±0.02a	4.58±0.59a	0.11±0.01b	0.08±0.00a	0.14±0.01a	0.07±0.01ab
N10	8.42±0.55a	0.36±0.03a	4.28±0.44a	0.11±0.01ab	0.07±0.01a	0.13±0.01a	0.05±0.01a

注：同一列数据后面的不同字母表示在 $p < 0.05$ 时，差异达显著性水平。

氮沉降处理引起了混交林土壤 K^+、Na^+ 的淋失。在 N5 处理时，Na^+ 的质量摩尔浓度为 0.07 cmol·kg^{-1}，与对照组相比，下降了 30.0%。在 N10 处理时，Na^+ 的质量摩尔浓度为 0.05 cmol·kg^{-1}，与对照相比，下降了 50.0%；Na^+ 的含量与对照组相比，差异达显著性水平（$p < 0.05$）。土壤酸化容易导致盐基阳离子的淋失，从而引起土壤盐基总量和盐基饱和度下降。本研究中，氮沉降处理使混交林土壤的盐基总量和盐基饱和度都呈现不同程度的下降趋势，随着氮沉降水平的增加，下降幅度增大，但总体不存在显著性差异。

从表 4-3 中还可看出，随着氮沉降水平的变化，混交林土壤中有机质、全氮、全钾、水解性氮、速效磷、速效钾含量、代换量、交换性 Ca^{2+}、交换性 Mg^{2+} 有不同趋势的变化，但变化均不明显。N5、N10 氮沉降处理下这些指标与对照组相比，不存在显著性差异。氮沉降处理对混交林土壤中全磷含量暂不存在影响，不同氮沉降水平下，全磷质量分数均为 0.02%。

五、氮沉降对增城人工幼林土壤化学性质的影响

从表 4-4 可知，在本试验时间内，模拟大气氮沉降对人工幼林土壤的影响不太明显，土壤中各化学成分的变化均未达到显著性差异水平。其中，变化幅度相对较大的盐基总量随着氮沉降量的增加而呈现出上升的趋势，在 N10 处理下，盐基质量摩尔浓度达到 0.24 cmol·kg^{-1}，与对照组相比，上升了 26.3%，但不存在显著差异。出现这种普遍现象的原因可能是增城样地施氮时间较短（仅 20 个月），氮素的累积没有达到一定的量，不足以影响土壤的化学性质；可能也与林龄较轻而处于快速生长期等因素有关。与鼎湖山阔叶林、马尾松林、混交林相比（模拟氮沉降时间分别为 42 个月、31 个月、50 个月），可以推测模拟氮沉降时间的长短和林型对土壤化学性质的变化可能有一定影响；随着氮沉降处理的时间推移，土壤性质的变化可能会越来越明显。这个推论可为大气氮沉降的相关研究提供一定的参考。

表 4-4　模拟氮沉降对木荷人工幼林土壤化学性质的影响

氮沉降处理	pH	w（有机质）（%）	w（全氮）（%）	w（全磷）（%）	w（全钾）（%）	w（水解性氮）（mg·kg^{-1}）	w（速效磷）（mg·kg^{-1}）	w（速效钾）（mg·kg^{-1}）
N0	6.80± 0.04a	1.24± 0.08a	0.07± 0.00a	0.13± 0.01a	0.57± 0.05a	72.67± 1.33b	100.23± 8.90a	115.00± 11.00a

氮沉降处理	pH	w（有机质）（%）	w（全氮）（%）	w（全磷）（%）	w（全钾）（%）	w（水解性氮）（mg·kg^{-1}）	w（速效磷）（mg·kg^{-1}）	w（速效钾）（mg·kg^{-1}）
N5	6.96± 0.05a	1.25± 0.09a	0.07± 0.01a	0.12± 0.02a	0.55± 0.13a	62.67± 5.21a	88.07± 11.70a	114.00± 6.51a
N10	6.81± 0.04a	1.20± 0.05a	0.07± 0.00a	0.14± 0.01a	0.53± 0.06a	65.00± 2.08a	99.73± 13.63a	117.00± 4.93a

氮沉降处理	b（代换量）（cmol·kg^{-1}）	b（盐基总量）（cmol·kg^{-1}）	盐基饱和度（%）	b（Ca^{2+}）（cmol·kg^{-1}）	b（Mg^{2+}）（cmol·kg^{-1}）	b（K^+）（cmol·kg^{-1}）	b（Na^+）（cmol·kg^{-1}）
N0	6.45± 0.26a	0..19± 0.03a	0.60± 0.02a	5.22± 0.27a	0.53± 0.04a	6.45± 0.26a	0.19± 0.03a
N5	6.42± 0.25a	0.23± 0.03a	0.49± 0.31a	5.23± 0.10a	0.57± 0.01a	6.42± 0.25a	0.23± 0.03a
N10	6.47± 0.51a	0.24± 0.03a	0.62± 0.29a	5.15± 0.33a	0.54± 0.03a	6.47± 0.51a	0.24± 0.03a

注：同一列数据后面的不同字母表示在 $p<0.05$ 时，差异达显著性水平。

六、氮沉降对四种林型土壤交换性 Na^+ 质量摩尔浓度的影响的比较

从图 4-1 可知，不同水平下的氮沉降处理对鼎湖山阔叶林、马尾松林、混交林土壤中交换性 Na^+ 质量摩尔浓度的影响趋势基本一致。其中，Na^+ 质量摩尔浓度在阔叶林中虽然表现为在 N5 处理时增加，但与对照组相比，没有达显著性差异；而在 N10 处理时，Na^+ 质量摩尔浓度急剧下降，与对照组相比，虽然没有达显著性差异，但下降幅度达 40.0%。马尾松林和混交林中土壤 Na^+ 质量摩尔浓度的变化趋势较相似，都是随着氮沉降水平的增加而明显下降，与对照组相比，差异均达显著性水平（$p<0.05$）。由此可见，大气氮沉降量的增加，对阔叶林、马尾松林、混交林土壤中 Na^+ 质量摩尔浓度的影响趋势基本一致，表现为促进 Na^+ 明显淋失。

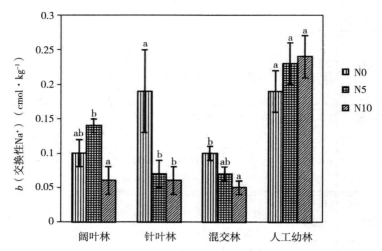

图 4-1　模拟氮沉降对四种林型的土壤交换性 Na^+ 质量摩尔浓度的影响

　　然而，不同氮沉降量对人工幼林土壤中交换性 Na^+ 质量摩尔浓度的影响规律却相对反常，表现出略微增加的趋势，但未达到显著性差异水平。由此可以推测，氮沉降处理对土壤中 Na^+ 含量的影响需要经过一定的时间累积才能发挥作用，随着氮沉降处理的时间推移，Na^+ 的淋失作用才可能显现出来。

　　笔者在鼎湖山阔叶林、马尾松林、混交林和增城木荷人工幼林等四种林型上模拟大气氮沉降 20～50 个月后，分析了土壤的化学性质，得出以下结论。

　　（1）模拟大气氮沉降对鼎湖山阔叶林、马尾松林和针阔混交林土壤 pH 的影响规律基本一致，均使土壤 pH 下降，其中，氮沉降对促进阔叶林土壤酸化的影响更显著，而人工幼林土壤的 pH 变化不明显。

　　（2）在本试验时间内，模拟大气氮沉降对阔叶林、混交林、人工幼林土壤有机质、全氮、全磷、全钾、水解性氮、速效磷、速效钾含量的影响均不明显，马尾松林土壤有机质、全氮、全磷、速效磷、速效钾含量也没有明显变化，但模拟氮沉降导致了马尾松林土壤水解性氮含量明显下降。

　　（3）模拟氮沉降对鼎湖山阔叶林、马尾松林、混交林土壤盐基饱和度、盐基离子 Ca^{2+}、盐茎离子 Mg^{2+}、盐茎离子 K^+ 的影响未达到显著水平，而对这三种林型的土壤交换性 Na^+ 含量的影响比较明显且影响趋势基本一致，即氮沉降的增加导致土壤中 Na^+ 含量明显下降。

　　氮沉降对木荷人工幼林土壤中盐基离子的含量均无明显的影响。这可能与模拟氮沉降时间较短、林龄较轻而处于快速生长期等因素有关，需要进一步研究。

第四节 氮沉降对森林生物多样性的影响

生物多样性是人类社会赖以生存和发展的基础，然而，近代人类活动不断加剧，生物多样性正以前所未有的速度消失，这严重威胁到人类的生存和发展。如今，全球范围内的生物多样性丧失及其给生态系统功能带来的后果，已成为国际生态学界关注的热点问题之一。生物多样性丧失的原因是多方面的，如土地利用变化和全球气候变化等。自20世纪以来，农业和工业活动密集化发展，如化石燃料的燃烧、含氮肥的生产和使用、畜牧业迅速发展等，大气中含氮化合物（主要是 NO_x 和 NH_y）含量迅速增加。大气中氮含量的增加会导致陆地和水域生态系统中出现较高沉降现象。在陆地生态系统进行的研究表明，氮沉降的增加对生物多样性产生了严重的威胁，特别是在高氮沉降（大于等于 $25\ kg\ N\ hm^{-2}\ a^{-1}$）下。如 Stevens 等人在英国氮沉降梯度的研究表明，长期氮沉降显著降低草地生态系统中植物的多样性。同时，最近的研究也表明，长期低水平的氮沉降（如 $10\ kg\ N\ hm^{-2}\ a^{-1}$）也会明显降低植物多样性。目前，氮沉降已成为在全球尺度上第三大生物多样性丧失的驱动因素。因此，近期联合国环境规划署生物多样性委员会也把氮沉降列为评估生物多样性变化的一个重要指标。

森林是陆地生态系统的主体。在全球三大陆地生态系统（农田、森林、草场）中，森林占有特别重要的地位，是世界生物多样性的分布中心。据统计，世界森林面积占土地面积的22%，却集中了70%以上的物种。热带森林面积虽然仅占全球面积的7%，但集中了50%以上的物种。许多学者认为，人为活动导致的氮沉降增加会降低生物多样性，改变植物群落的结构，进而改变生态系统的功能。在工业发达的欧洲和北美，高氮沉降对森林生态系统健康造成的影响（如土壤酸化、营养失衡、生产力降低、森林衰退等）已严重威胁到生物多样性。在国际上，氮沉降对森林生物多样性影响的研究最早可以追溯到20世纪70年代，那时欧洲、北美的生态学家开始在温带森林开展氮沉降对森林生态系统结构和功能影响的研究，并于90年代形成了研究网络，如 NTREX 和 EXMAN 项目、美国 Harvard 森林实验、the Adirondack Manpulation and Modeling Project（简称"AMMP"）项目等。就研究的数量而言，关于森林植物（特别是林下层植物）多样性的研究较多，其次是微生物多样性和动物多样性。

随着工业化进展加快和农业集约化程度的提高，氮沉降越来越呈现出全球化趋势，除了欧洲和北美，世界范围内的其他地区（如亚洲和拉丁美洲）氮沉降量也迅速增加。现在全球范围内有 40% 的氮肥用于热带和亚热带地区，到 2020 年将有超过 60% 的氮肥用于上述地区。同时，在未来几十年内，化石燃料的使用将成倍增加。在亚洲，从 1961 年到 2000 年，人类活动产生的活性氮从 144 Tg N a^{-1} 增加到 677 Tg N a^{-1}，到 2030 年将达到 105.3 Tg。事实上，我国也存在着高氮沉降问题。从目前的报道来看，大部分地区的氮沉降水平已经很高，相当一部分地区的氮沉降量已经超过 20 kg N hm^{-2} a^{-1}。在中国某些南方森林里，大气湿氮沉降已高达 30~73 kg N hm^{-2} a^{-1}。如在鼎湖山自然保护区 1989~1990 年和 1998~1999 年的降水氮沉降分别为 3557 kg N hm^{-2} a^{-1} 和 384 kg N hm^{-2} a^{-1}。这些氮沉降量与欧洲最高的氮沉降速率相当，在那里，高氮沉降已明显威胁到植物多样性。此外，随着工农业的发展，我国氮沉降量还会继续增加。

然而，在我国，有关氮沉降增加对森林生物多样性的影响的研究还没有得到应有的重视，目前仅建立了鼎湖山森林生态系统长期氮研究项目。总体来说，我国在该方面的研究还处于启动阶段，无法全面评估氮沉降对我国森林生物多样性带来的影响。为了增进人们对氮沉降影响生物多样性的认识，引起人们对氮沉降带来的环境问题和有效解决氮沉降全球化问题的重视，以及为我国开展该方面的研究和相关的管理提供参考，本节综述了氮沉降对森林生物多样性影响及其机理研究的国内外进展情况，同时指出了在我国开展氮沉降对生物多样性影响的研究的必要性和紧迫性。

一、氮沉降对植物多样性的影响

许多研究都表明，氮沉降能显著改变森林群落植物物种组成，以及降低植物群落的物种多样性，但这些影响随群落结构和物种组成的不同而不同。一般而言，林下层植物和隐花植物对氮沉降较敏感，而乔木层植物需要较长时间才能表现出其多样性的变化。

（一）林下层植物

在森林生态系统中，林下层植物物种多样性最高，如蕨类植物、草本植物、灌木及森林冠层植物的幼苗等，对养分流通的变化也最敏感。多数研究表明，氮沉降能改变林下层物种组成。如 Strengbom 等人对瑞典 557 个针叶林样地的调查结果表明，很低的氮沉降速率也能改变林下草本层植物群落的组成。物种组成的改变主要有两个方面：（1）氮沉降导致优势植物衰退。如当氮沉降量超过

6 kg N hm^{-2} a^{-1}时，草本层优势种杜鹃花科灌木植物黑果越橘和红豆越橘随氮沉降梯度增加而衰减（多度降低）。在北美阿第伦达克山脉（Adirondack Mountains）山区阔叶林研究表明，经过 3 年氮处理（14.28 kg N hm^{-2}a^{-1}），草本层优势植物（地下芽植物）Oxalis acefoselfa，Maianthemum canadense 和 Huperzia bucidula 的覆盖度显著降低。在哈佛森林红松林样地，经过 7 年的氮增加试验（地面喷施 NH$_4$NO$_3$，施氮强度分别为 50 kg N hm^{-2} a^{-1}、150 kg N hm^{-2} a^{-1}）后，草本层植物的密度和生物量分别降低了 80% 和 90%。Strengbom 等人还发现，氮沉降对林下草本层植物的影响具有长期效应：在停止施氮 9 年后，林下层植被仍不能恢复到原先状态，氮沉降降低多样性带来的影响仍在持续。如为优势种的杜鹃科植物仍处于衰退状态。（2）氮沉降会导致某些喜氮植物多度增加。如在黑果越橘占优势的群落中，每年 6 kg N hm^{-2} a^{-1} 氮沉降速率增加了禾草状植物曲芒发草（Deschampsia flexuosa）的多度，以及多年生草本植物七瓣莲（Trientalis europaea）的密度。此外长期氮沉降产生累积效应也会使喜氮草本植物的多度增加。

首先，物种组成改变的原因主要与物种本身的氮利用特性有关。根据达尔文的进化论，物种面临新的环境时，适者生存，不适者被淘汰。在贫氮的环境中，营养转换速率慢（低营养损失速率）的慢生型植物占优势地位；而在富氮的环境中，营养转化速率快（高营养损失速率）的速生型植物占优势地位。速生型植物的氮素营养转换速率快，其可以循环利用更多的氮素，可称为喜氮植物。研究表明，在氮沉降条件下，喜氮植物的频度和覆盖度有所增加。而且大多数氮沉降试验都表明，只有少数物种能成功生存下来，并且成为群落的优势种。氮在许多陆地生态系统中是主要的限制因子，因此氮沉降将改变植物养分的可供给性，有利于能适应高氮水平的物种生存，从而改变物种组成，以致植物多样性减少。除了促进喜氮植物生长，氮输入经常还会刺激它们种子的萌发。如随着土壤溶液中硝酸根浓度的增加，种子的萌发力可以增加到几个数量级。其次，病虫害的增加也是植物群落物种组成变化的重要驱动因素。氮沉降改变了植物氮代谢进程（如增加叶内的氨基酸和蛋白质），降低了对环境胁迫的承受度，增加了其对病虫害的敏感性。如氮沉降增加使林下层优势灌木植物黑果越橘的叶内游离氨基酸水平增加，增加了寄生性真菌（Vadensia heterodoxa）的侵害和鳞翅目昆虫对幼叶的取食。而寄生性真菌的侵害导致黑果越橘大量落叶，引起物种衰退，从而改变了群落物种组成。再次，光照度的变化会改变物种组成。对于森林生态系统林下层植物而言，除了氮的供应因素外，另一个影响植物生长和种间竞争的重要因素就是光。当氮的限制性降低的时候，光的限制性就会增加。如同样在 Adiondack

Mountains 山区阔叶林，经 3 年的氮处理后草本层优势种的覆盖度显著降低，原因可能是蕨类植物的覆盖度增加，使草本层光照度大为减少，从而影响其生长。又如 Strengbom 等人发现氮沉降导致灌木植物黑果越橘在生长季节叶片大为减少，从而使草本层光照度增加，导致更多速生植物（主要是禾本科的 Deschampsia flexuosa）增生扩散。随着冠层的衰退，光照度增加，其他物种很可能入侵。如在荷兰的欧石楠生态系统中进行的研究发现，氮输入导致的欧石楠冠层衰退与草本植物的入侵明显有关。最后，土壤酸化在影响物种丰富度方面有重要作用，土壤 pH 低的地方，物种丰富度也较低。不少长期的田间氮沉降试验［施加（NH_4）$_2SO_4$］研究也证实了这一点。

但是，也有研究表明，氮沉降并没有明显影响到群落的组成。如 Gilliam 等人对美国弗吉尼亚西部的蕨类实验森林（Fernow Experimental Forest）研究表明，3 年加氮试验（35 kg N hm^{-2} a^{-1}）后草本层的群落并没有明显的变化。为了进一步验证这一结论，Gillim 等人又从植物群落年间变化和季节性变化尺度进行另外 3 年的后续研究，其结果也支持了上述结论。Huberty 等在密歇根州弃耕地的研究表明氮沉降虽然促进了植物生物量的增加，但是 7 年的试验并没有改变群落组成和多样性。Gillian 等人把没变化可能的原因归结如下：（1）当地的大气氮沉降速率较高，施加的氮所起的作用甚微；（2）所研究的系统已达到氮饱和状态，不再受氮限制，如氮的矿化速率和硝化速率氮处理样地与对照样地之间相差不大，而且也远远高于氮沉降的速率，因此施加的氮只是增加很少一部分必需元素，对系统影响不大。

（二）隐花植物

这里的隐花植物主要指在底层的苔藓植物和附生性的地衣植物，这些植物也是森林生态系统重要的组成部分。这些隐花植物可以有效地存留沉降的氮，因此对空气中氮污染物的响应非常敏感。然而，关于氮沉降对这些隐花植物的研究主要集中于美国北方森林和温带森林。研究表明，氮沉降的增加会改变物种组成部分，过量的氮沉降会导致物种衰退，从而降低生物多样性。如在北方森林里，当氮沉降量超过 10 kg N hm^{-2} a^{-1} 时，原有的优势种，如赤茎藓、波叶曲尾藓和塔藓等，就出现衰退；在属于北方森林有效组成部分的泥炭沼泽生态系统中，许多特有的泥炭藓种类在氮沉降的增加时也表现了衰退趋势，但是有些物种如丘间种喙叶泥炭藓（Sphagnum fallax）表现出增加的趋势。Mitehell 等人对温带橡树林研究发现，不少附生性的地衣植物对氮沉降非常敏感，当氮沉降量超过 20 kg N hm^{-2} a^{-1} 时，这些植物几乎消失。同样，在欧石楠生态系统中，氮沉降给地衣和苔藓类植物带来了负面影响。如 Barker 研究发现，7 年的氮沉降

（77 kg N hm^{-2} a^{-1} & 15.4 kg N hm^{-2} a^{-1}）实验后，地衣植物的覆盖度和多样性显著降低。Fenn 等人在地中海森林生态系统中研究时发现，即使很低的氮沉降（如 31 kg N hm^{-2} a^{-1}）也能显著改变地衣群落的物种组成，即从对氮高度敏感的群落转化为耐氮的群落；过量氮沉降（如 102 kg N hm^{-2} a^{-1}）会使对氮敏感的物种消失。

从目前的研究来看，氮沉降产生的直接毒害作用是导致物种衰退的重要原因。首先，植物叶片可以从大气中直接吸收氮氧化物，并形成亚硝酸和硝酸；当生成的亚硝酸和硝酸超过某一限阈时，植物组织便会受到伤害，而且高剂量氮处理还可能直接导致这些植物消亡。其次，过量氮沉降将会导致游离氨基酸库的改变，使精氨酸大量积累，以致对植物产生毒害作用，影响植物正常生长。最后，物种的衰退程度与其本身的阳离子交换能力大小有关，即阳离子交换能力越强，物种越容易衰退。这是因为低的交换能力意味着氮与细胞壁结合的能力有限，从而降低氮沉降对植物的毒害作用。此外，苔藓植物和地衣植物上部冠层郁密度的增加也可能是导致其消亡的一个主要原因。

（三）乔木层植物

乔木层植物响应速度较慢，短期内多样性变化不明显，需要较长的时间才能表现出其多样性的变化。目前，关于乔木层植物多样性对氮沉降响应的研究仅见于个别的野外模拟氮沉降研究，还无法得出普遍的结论。如在美国佛蒙特州东南部的高海拔云冷杉林，经过 6 年的施氮处理（施氮量为 16～31 kg N hm^{-2} a^{-1}），乔木层优势树种云杉和冷杉生产力降低，死亡率显著增加，导致整个森林衰退。在北美哈佛森林，科学家们进行长达 15 年的施氮试验后，发现高氮样地（150 kg N hm^{-2} a^{-1}）树木生物量不再积累，而且死亡率明显增加，如红松死亡率高达 56%。此外，一些学者在美国纽约 Millbrook 区域的一个山区橡树混交林进行为期 8 年的氮沉降试验也表明，高氮沉降（50～100 kg N hm^{-2} a^{-1}）显著增加了橡树的死亡率。从目前少数的研究中可发现，氮沉降一般是通过一系列直接或间接的、可累积的危害效应导致物种衰退、死亡，从而降低多样性。由于此方面的研究较少，本节主要阐述过量氮沉降危害乔木层植物的可能机理。

氮沉降危害乔木层植物的可能机理主要有以下几点。

（1）过量的氮沉降使树叶的腊被、角质层和气孔受到伤害，引起叶变色，促使落叶损失。如在污染严重（高氮沉降）的中欧地区，森林树叶发黄现象和落叶损失远比其他地区严重。在一些模拟实验中也观察到了氮处理引起叶损失的现象。落叶将不利于植物进行光合作用，从而抑制植物生长。

（2）过量氮沉降危害根系生长，不利于养分的吸收。氮沉降产生能够的土壤酸化和铝毒效应，将会损伤根系，减少细根生物量。有人对几种针叶树种的小树进行了施氮研究，发现 7 个月后施氮量最高的植株的细根生物量减少了 36%。相反，在 NTREX 实验中，当人为减少氮沉降后，森林的细根生物量及根尖数量都增加了。这说明氮沉降抑制了细根的生长。

（3）氮沉降导致营养失衡，如较高的叶氮浓度和其他元素的相对缺乏（如磷、钙、镁等）也是植物衰退、死亡的重要原因。如叶中高氮浓度和低 Ca/Al 与森林衰退直接相关。营养失衡常常会影响植物的光合作用，降低净光合效率、光合作用氮利用率，增加暗呼吸速率，从而降低森林活力，增加林木死亡率。Wekert 等人发现挪威云杉针叶中钙和镁元素的减少将导致光合能力降低。Nakaji 等人发现，生长在最高氮处理水平下的日本赤松幼苗针叶中 Rubisco 的浓度和活性及叶绿素含量降低与针叶中 P 含量的减少和 Mn 含量的增加明显相关，这类幼苗针叶中的 N/P 和 Mn/Mg 值升高，这些变化抑制净光合作用速率的增加。Bauer 等人通过实际研究并结合模型预测表明，在高氮样地，由于光饱和条件下的光合速率显著降低，施氮 8 年后松林的净初级生产力降低了 80%。相反，在欧洲进行的氮沉降去除试验发现了树木生长量增加。这进一步说明，氮沉降增加不利于植物生长。

（4）过量氮沉降还会降低植物的对环境胁迫的承受度，增加其对病虫害、冷冻害以及干旱等的敏感性。这也是植物群落物种组成变化的重要驱动因素。如，随着 NH_3 沉降大量增加以及气候条件恶化，科西嘉黑松的真菌感染度显著增加导致其衰退。总之，过量氮沉降可能会通过以上几种途径或其综合作用导致物种衰退，以致降低植物多样性。

长期的氮沉降还会影响到森林的演替进程。如同样在美国佛蒙特州东南部高海拔的云冷杉林，有人研究发现长期的氮沉降将促进森林的演替，即从针叶林演替到以氮循环速率快、生长迅速的阔叶树为主的森林。在此演替过程中，优势树种云杉和冷杉大量死亡，新的幼苗也得不到补充，阔叶树种槭树属的植物却没有明显变化，槭树和桦树的幼苗也大量生长并生存下来。

二、氮沉降对土壤微生物多样性的影响

微生物几乎参与了所有的土壤生物化学过程：如有机物的分解转化、元素循环、菌根的形成以及与植物互利共生等，在生态系统正常运行中起着举足轻重的作用。而且土壤微生物的多样性是影响陆地生态系统功能的关键因素。关于氮沉降对微生物的研究主要集中在真菌（主要是菌根真菌）和细菌，对放线菌的研究较少。

（一）真菌

在真菌当中，研究较多的是外生菌根真菌。外生菌根真菌在吸收和传递矿物质营养与有机氮和磷过程中起重要作用。对外生菌根真菌，尽管不少短期研究表明氮沉降促进了种群数量增加和子实体的生产，但是长期的氮沉降具有抑制作用。大多数研究都表明，氮增加能降低外生菌根真菌的数量、物种丰富度和群落组成。在哈佛森林针叶林样地，氮处理减少了物种种类，多样性指数也显著降低。如对照样样地发现 19 个种，施氮样地（50 kg N hm^{-2} a^{-1}）只发现了 10 个种。而且氮沉降对优势种存在明显影响，如对照样地相对频度较高的乳菇属真菌在氮处理样地完全消失；同时，氮处理样地优势种丝膜菌属真菌的相对频度随氮处理也明显降低。又如 Carfrae 在对一个林龄只有 13 年的西德加云杉林进行研究时发现，氮沉降抑制了外生菌根真菌产生大量子实体，降低了物种多样性。有时候即使同一种真菌在不同的森林里也有不同的响应，尽管总的群落多样性指数（如丰富度）降低。如在阿拉斯加州的白云杉森林，氮沉降增加了乳菇属真菌的相对频度，原因可能是系统氮状态的不同、植物种类的不同、真菌与其寄主之间的相互关系、真菌内部之间的竞争等。

有关氮沉降对丛枝菌根真菌和腐生真菌影响的研究较少。高氮沉降也会减少丛枝菌根真菌的丰富度和多样性，并能引起群落组成的变化。但是氮沉降对腐生真菌的影响很不一致，无法得出普遍的结论。如 Newell 等人发现，氮沉降增加了腐生真菌的丰富度和多样性。然而 Robinson 等人进行了为期 5 年的氮沉降（50 kg N hm^{-2} a^{-1}，同时施加 50 kg N hm^{-2} a^{-1} 和 63 kg K hm^{-2} a^{-1}）研究后发现，腐生真菌多样性有降低的趋势。

Robinson 等人在北极半荒漠生态系统中进行 2 年氮沉降试验（5 kg N hm^{-2} a^{-1}）土壤腐生真菌的多样性没有被改变。这些不一致性可能与研究方法不同和研究数量较少有关。

（二）细菌和放线菌

氮沉降对土壤细菌的影响通常不如真菌明显，但可以显著改变真菌/细菌的值。如 Frey 等人在长期施氮的哈佛森林的研究表明，阔叶林和松林施氮样地的真菌生物量分别比对照样地低 27%～61% 和 42%～69%，细菌生物量对施氮增加的响应不如真菌大，因此施氮明显降低真菌生物量/细菌生物量的值。又如 Wallenstein 等人在北美三个长期氮沉降样地中的两个样地哈佛森林和阿斯卡尼山进行实验，发现施氮明显减少土壤微生物量，这种减少主要表现在真菌生物量上，真菌和细菌的生物量比值随氮输入的增加而减少。Boxman 等人在

NITREX 项目的实验样地中发现，输入的氮几乎对真菌和细菌的生物量没有任何影响。这可能与施用的氮量不够有关，在短期内很难产生明显的作用。然而，薛璟花等人在对南亚热带森林苗圃试验地进行研究后发现，短期内氮沉降促进了细菌数量的增加，但是对真菌数量始终表现为抑制作用。这很可能与系统的氮状态和物种对氮的需求相关。此外，有关氮沉降对放线菌的研究比较少。薛璟花等人发现，适量的施用氮肥可以提高放线菌数量，当施氮量过大时，可以减少放线菌数量。

综合来看，土壤微生物区系适应了长期的低氮条件，随着高氮沉降的输入和氮饱和的出现，微生物群落的结构和功能将会改变，过量的氮沉降会降低微生物量，减少物种多样性。微生物多样性降低的原因首先与其本身的特性相关，喜氮的物种更容易生存。如在氮沉降条件下，由喜氮物种和厌氮物种共同主导的群落，将逐渐演替成以喜氮物种（随着氮水平增加受正影响或不受影响的物种）为优势种，而厌氮物种（随着氮水平增加受负影响的物种）逐渐沦为衰退种的新的群落结构。其次，氮沉降还可能通过改变氮素供应能力、产生土壤酸化及铝毒效应来改变生物多样性。大气氮沉降增加了土壤氮的可利用性，降低了菌根真菌子实体产量、根系的拓展能力和物种丰富度。如在加利福尼亚沿海灌木丛林地，氮肥的增加减少了菌根感染的速率和生存率。土壤酸化和其带来的铝毒效应可能是减少微生物活性和改变微生物群落的重要原因。如土壤中的铝的可溶性增加，危害植物根系和菌根的生长并给予其共生的菌根真菌带来负面效应。此外，微生物生物量和多样性还与植物丰富度显著相关。Chung 等人发现，植物丰富度的升高将会增加微生物生物量，腐生真菌和丛枝菌根真菌的多度也会随之增加。也有研究发现，从高施肥区到未施肥区的变化过程中，植物多样性增加，植被的变化伴随着真菌的多度增加。

三、氮沉降对动物多样性的影响

（一）地下土壤动物

这里的地下土壤动物是指在枯枝落叶层或土壤层中度过整个或大部分生命期的动物，主要活动于 0～15 cm 层位。土壤动物是森林生态系统的主要组分之一，表现出极丰富的多样性，在生态系统功能中起重要作用。土壤动物群落对环境的改变能产生灵敏的反应。但是，目前关于氮沉降对土壤动物影响的专门研究较少，仅见于欧美和我国鼎湖山，如著名的 NITREX 项目，以及 Huhta 和 Xu 等人开展的相关研究。研究内容大多数与大型土壤动物（主要是节肢动物，如白蚁，和环节动物，如蚯蚓）和中型土壤动物（如螨类、跳虫和弹尾目昆虫）有关，小型土壤动物（如原生动物和线虫）的相关研究很少。一般来说，土壤中氮素的额外增加将给土壤动物群落带来负面影响，降低其多样性。如在欧洲氮饱和项目研究中，Boxman 等人在低氮沉降点发现弹尾目的多样性远大于高氮沉降点；氮素增加也会导致某些土壤动物数量大减，如施氮后马陆密度减少了 46%。在国内鼎湖山森林生态系统长期氮研究项目中，Xu 等人发现模拟氮沉降增加显著降低了成熟林土壤动物群落的多样性。也有研究表明，低浓度的氮沉降在一定程度上增加生物多样性。如徐国良等人对马尾松林土壤动物研究发现，为期 16 个月的氮处理促进了动物群落的多样性。此外，个别研究发现氮沉降对森林土壤动物没有影响。如 Xu 等人对针阔混交林的研究结果显示，氮沉降对土壤动物没明显影响。这些影响可能与生态系统的氮状态、植被组成及施氮时间长短有关，一定限度内的氮沉降对生物可能是有利的。

从研究的结果来看，过量氮沉降产生的土壤酸化和铝毒危害是减少动物多样性的主要原因。如在美国俄亥俄河流域，Kupeman 对三块长期受不同程度酸沉降量影响的区域进行了大型土壤动物的野外调查，发现在酸沉降量最低的伊利诺伊州地区，大型土壤动物的总个体数、分解者和捕食者的数量都极显著高于其他两地。此外，在氮沉降过程中，单一营养物质高量输入，群落嗜好性的不同及种间竞争作用使群落趋向单一，多样性减少，但总体数量可能增加。

（二）地上草食动物

这里的地上草食动物是指在地上度过整个或大部分生命期并以地上植物为生的动物。关于氮沉降对地上草食动物多样性影响的研究很少，大多数研究是从食物链结构变化角度进行的。氮沉降对草食动物的影响主要是通过改变植物组织质量和寄主植物的丰富度来实现。叶中以氮为底物的蛋白质和氨基酸浓度的大小，决定植物对草食动物适口性的高低。叶氮浓度能反映寄主植物品质性状。一般来说，植物的适口性高有利于昆虫的生长和繁殖，有利于维持其生物多样性；反之，会降低其生物多样性。不少研究证明了叶氮浓度与昆虫的生存、生长和繁殖成明显的正相关关系。如在高氮沉降地区，氮沉降增加了叶氮浓度，特别是硝酸盐的浓度，并显著导致了鳞翅类昆虫（leafrollers and plutellids）多度的增加。但是，当植物氨基酸和次生代谢化合物（如酚类、萜类、丹宁、和非蛋白氨基酸等）的组成发生变化而不利于昆虫取食时，其种群数量就会降低。如当氨基酸组成变化不利于蚜虫取食时，其种群数量就明显降低。

此外，植物与草食动物之间相互影响、相互制约。植物组织品质的变化也可能影响昆虫爆发的频率和程度，后者会反过来改变植物群落组分。如对北方森林的研究表明，氮肥的施加增加了鳞翅目昆虫的幼虫（Lepdoptera larvae）对杜鹃科灌木植物叶芽的危害程度。在荷兰低地欧石楠（Erica carnea）荒原，长期高水平的大气氮沉降，增加了草食动物的取食行为。高的氮输入还可能通过降低植物物种丰富度，减少专食性昆虫的可用资源数量，从而减少昆虫物种多样性。

四、氮沉降对森林生物多样性影响的机理假说

氮沉降增加改变了生物多样性，过量氮沉降降低了生物多样性。尽管上文分别讨论了森林生物多样性变化的原因，但是就目前研究的主流来看，关于多样性改变的机理假说主要有两个：（1）内在机理假说，也是物种自身氮素利用特性决定假说，即随着氮沉降的增加，氮素转化速率快的速生型物种将取代氮素转化速率慢的慢生型物种，从而降低生物多样性；（2）外在机理假说，也是氮素同质性假说，即过量的氮沉降将降低土壤氮素过程的异质化程度，随着土壤可利用氮的空间同质性的增加，物种多样性将会降低。Gilliam 从生物地球化学和植物个体学的角度解释了氮素同质性降低物种多样性的原因，并认为氮饱和最终降低森林生物多样性。与此类似，Harpole 和 Tilman 的研究也进一步验证了生境同质化降低生物多样性的假说。这两个机理假说都是针对植物多样性而言，而且都是在氮限制的生态系统中发展起来的。这两大假说可以解释在氮限制的生态系统中，氮沉降增加降低植物多样性特别是林下层植物多样性的原因。对于微生物和动物多样性而言，尽管其多样性变化的表现形式有所不同，但本质上是与上述假说相通的，也是由内因和外因共同作用而成，即氮沉降改变了环境条件，使环境趋向同质性，并作用于物种本身，适者生存，不适者被淘汰。

如今，氮沉降条件下外来物种入侵假说也日益受到重视，也是改变生物多样性的重要机理之一。外来物种通常具有"利于入侵的性状"，如 Feng 等人首次提出在入侵地氮在入侵植物光合机构和天敌防御系统中的分配的权衡关系可以对天敌的缺乏做出进化响应，即减少向防御系统的分配比例，增加向光合机构的分配比例，从而有利于入侵植物的生长。此外，一个生态系统的可入侵性通常与此系统的资源可利用程度密切相关，而且入侵种常常在营养丰富地区出现的频率更高。因此，氮沉降将改变原先营养资源相对贫乏的状况，为外来种的入侵创造条件，从而改变生物多样性。不过就目前的氮沉降水平，从全球角度而言，氮沉降还不是生物入侵的关键因子，因为是生物入侵的热点地区大部分都不在高氮沉降区域。然而，在洲际或区域水平上（如美国森林生态系统），有研究发现入侵种丰富度和氮沉降水平呈正相关关系。

五、氮沉降对森林生物多样性影响的研究方法

目前氮沉降对森林生物多样性的研究方法主要有两种：模拟氮沉降试验和氮沉降梯度试验。

（1）通过模拟氮沉降增加试验，探讨其对森林生物多样性的影响。选取一定的区域进行模拟氮沉降，其氮沉降水平应根据当地的氮沉降量而定，由低到高。定期调查森林生物多样性的变化，包括植物、动物和微生物，同时样地的无机环境（如系统氮状态、土壤酸化状况、养分供应状况）也是必不可少的一个组成部分。如 NITREX 和 EXMAN 项目、美国 Harvard 森林实验、AMMP 项目，以及我国鼎湖山森林生态系统长期氮研究项目等都采用了这种方法。施加氮的形式的有 NH_4NO_3、$NaNO_3$、NH_4Cl、$(NH_4)_2SO_4$ 和尿素等，以 NH_4NO_3 为主。这种方法的优越性在于在生态系统水平上模拟氮沉降增加的情况下，长期定位观测森林生物多样性的变化，有利于预测氮沉降在多大程度上和如何影响生物多样性。不过这种方法有一定缺陷：由于系统具有氮的累积效应，过高的模拟氮沉降水平有可能低估其对生物多样性带来的影响。

（2）通过氮沉降梯度试验来研究其对森林生物多样性的影响。通常的做法是沿着自然状态下大气氮沉降梯度选择研究对象，最好为同种或相似的森林类型。这些氮沉降梯度通常是人类活动导致的。选不同氮沉降梯度下的森林生态系统进行对比研究并进行长期观测，有利于正确评估氮沉降带来的生态学效应。这些研究在欧洲开展得比较多。

第五章 大气氮沉降对草原生态系统的影响

第一节 氮沉降对草原植物光合作用的影响

光合作用是植物对环境变化最敏感的生理过程之一。叶是植物通过光合作用获取能源和合成光合产物的主要器官，叶片的结构性状在一定程度上决定了叶片光合生理活性及其对资源的利用效率。养分保持是植物对贫瘠生境的适应策略之一，较高的养分保持能力说明植物具有较强的适应能力。比叶面积（Specific leaf area，SLA）和叶片养分浓度是衡量植物养分保持能力的两个主要功能特性。比叶面积反映了植物获取环境资源的能力。叶片养分浓度反映了植物对土壤养分的吸收特性。养分保持能力强的植物，通常具有较低的叶片养分浓度、比叶面积和光合作用能力。氮是植物体内氨基酸、蛋白质、核酸、辅酶以及光合色素分子等的主要组成元素，叶片含氮量与光合速率密切相关。氮含量较高的叶片通常具有较高的最大光合速率。但是，过度施氮可能引起叶片产生碳限制，导致 CO_2 同化速率降低。研究不同氮沉降水平对植物光合作用的影响，可以加深对植物生理特性、生态适应、生产潜能和光能利用效率的认识。

贝加尔针茅草原是欧亚大陆草原的重要组成部分，是内蒙古草甸草原的代表类型之一，在我国畜牧业生产中占有重要的地位。本研究经过连续 6 年的模拟氮沉降野外控制试验，选取贝加尔针茅草原优势种羊草作为研究对象，进行光合-光强响应测定，通过模型拟合得出最大净光合速率、光饱和点、光补偿点和表观量子效率等光合生理生态特性，并比较分析不同氮沉降处理下羊草光合特性及叶片比叶面积、氮含量、磷含量、光合氮利用效率及光能量利用效率等的差异，综合分析不同氮沉降处理下羊草植物光合特性和叶片特性之间的相关性，探讨典型草原生态系统中植物光合特性、叶片功能性状对氮沉降水平改变的响应机制，以期为天然草地优化管理提供参考依据。

一、研究区域概况与试验方法

（一）研究区域概况

研究区域位于大兴安岭西麓，内蒙古自治区鄂温克族自治旗伊敏苏木境内，地理位置为北纬 48°27′～48°35′，东经 119°35′～119°41′，海拔高度为 760～770 m，地势平坦，属于温带草甸草原区。该区域为半干旱大陆性季风气候，年均气温−1.6 ℃，年降水量 328.7 mm，年蒸发量 1478.8 mm，大于等于 0 ℃年积温 2567.5 ℃，年均风速 4 m·s^{-1}，无霜期 113 d。土壤类型为暗栗钙土。试验开始时的土壤基础理化性质为：土壤 pH 为 7.07，有机碳含量为 27.92 g·kg^{-1}，全氮含量为 1.85 g·kg^{-1}，全磷含量为 0.45 g·kg^{-1}。

植被类型为贝加尔针茅草甸草原，贝加尔针茅为建群种，羊草为优势种，草地麻花头、日荫菅、变蒿、扁蓿豆、多茎野豌豆、祁州漏芦、寸草苔、肾叶唐松草等为常见种或伴生种。该区域共有植物 66 种，分属 21 科 49 属。

（二）研究方法

1. 样地设置

试验开始于 2010 年 6 月，研究人员在围栏样地内设计养分添加试验。氮素添加处理设 5 个水平，依次为：0 kg·hm^{-2}（CK）、30 kg·hm^{-2}（N30）、50 kg·hm^{-2}（N50）、100 kg·hm^{-2}（N100）、150 kg·hm^{-2}（N150），每年分 2 次施入。第 1 次 6 月 15 日施氮 50% 处理水平；第 2 次 7 月 15 日施氮 50% 处理水平，氮素为 NH_4NO_3。根据氮处理水平，研究人员将每个小区每次所需要施加的 NH_4NO_3 溶解在 8 L 水中（全年增加的水量相当于新增降水 1.0 mm），完全溶解后均匀喷施到各个小区内。CK 小区同时喷洒等量的水。研究区域共有 5 个处理小区，6 次重复，小区面积 8 m×8 m，小区间设 2 m 隔离带，重复间设 5 m隔离带。

2. 样品采集与测定

研究人员于 2015 年 8 月 10 日开展野外光合试验测定和样品采集。此时羊草已经完成叶片形态建成。光合-光强响应测定：于上午 9：00—11：00 采用 Li-6400便携式光合测定仪对羊草的净光合速率、蒸腾速率、气孔导度等指标进行测定。叶室温度设为 25 ℃，CO_2 浓度控制在 400 $\mu mol·mol^{-1}$，设置有效光合辐射梯度为 2000 $\mu mol·m^{-2}·s^{-1}$、1500 $\mu mol·m^{-2}·s^{-1}$、1000 $\mu mol·m^{-2}·s^{-1}$、800 $\mu mol·m^{-2}·s^{-1}$、500 $\mu mol·m^{-2}·s^{-1}$、300 $\mu mol·m^{-2}·s^{-1}$、100 $\mu mol·m^{-2}·s^{-1}$、

50 $\mu mol \cdot m^{-2} \cdot s^{-1}$ 和 0 $\mu mol \cdot m^{-2} \cdot s^{-1}$，利用自动测量程序进行光合-光强响应的测定。选取完全展开的成熟叶片进行测定，测定时保持叶片自然生长角度不变，每片叶测 3 次，每区组重复测定 5 次。叶片比叶面积测定：采用 Li-3100A 叶面积仪测定叶面积。将测定完叶面积的叶片单独装在自封袋中，带回实验室烘干至恒重，测定叶片干重。按照以下公式计算叶面积：

$$SLA = ULA/DY \qquad (1)$$

式中，SLA 为叶片比叶面积，单位为 $cm^2 \cdot g^{-1}$；ULA 为单位叶片面积，单位为 cm^2；DY 为叶片干重，单位为 g。

土壤和叶片样品的采集和测定：用土壤采样器在各个处理小区内按照 S 形取样法选取 10 个点，去除表面植被，取 0～10 cm 土壤混匀，去除根系和土壤入侵物，采用四分法留取 1 kg 土壤，将其分成两部分，迅速装入无菌封口袋，一部分于 −20 ℃ 超低温冰箱中保存，用于土壤速效养分分析，一部分自然风干后研磨，分别过 100 目和 20 目孔筛并保存，用于土壤理化性质分析。在每个小区内随机选取生长相对一致的具有代表性的植株各 15 株，用自封袋保存于低温冰盒中。植物样品 105 ℃ 杀青 30 min，然后 65 ℃（72 h）烘干至恒重，叶片粉碎过 100 目筛，混匀后保存在塑封袋中以备分析。土壤有机碳测定采用水合热重铬酸钾氧化-比色法，土壤 NH_4^+-N 和 NO_3^--N 含量采用流动注射分析仪测定，植物和土壤全氮用凯氏定氮法测定，全磷用钼锑抗比色法测定。

叶片灰分浓度（Ash）的测定：在马弗炉中 500 ℃ 灼烧 6 h，剩余残渣称重。

干重热值采用氧弹式热量计（HWR-15E，上海上立检测仪器厂）测定：取 0.5 g 左右植物样品粉末，经压片，完全燃烧测定热值，每个样品分别测定 3 个重复，取平均值作为干重热值，测定前用苯甲酸标定。

$$H_c = CV/(1 - Ash) \qquad (2)$$

$$CC_{mass} = [(0.06968H_c - 0.065)(1 - Ash)(1 - Ash) + 7.5(kN/14.0067)]E_G \qquad (3)$$

式中，H_c 为去灰分热值，单位为 $kJ \cdot g^{-1}$；Ash 为灰分浓度，单位为%；CV 为干重热值，单位为 $kJ \cdot g^{-1}$；CC_{mass} 为叶片单位质量建成成本，单位为 g glucose $\cdot g^{-1}$；N 为有机氮质量分数，单位为 $mg \cdot g^{-1}$；E_G 为生长效率；k 为 N 的价数（若为 NO_3^-，$k = 5$，若为 NH_4^+，$k = -3$）。不同物种的生长效率为 0.87，对于每个样品，先以 NH_4^+ 和 NO_3^- 作为 N 的存在形式分别计算，再按照土壤中 NH_4^+-N 和 NO_3^--N 的比例，求加权平均值作为叶片 CC_{mass}。

$$N_{area} = N_{mass}/SLA \qquad (4)$$

$$CC_{area} = CC_{mass}/SLA \qquad (5)$$

$$\text{PEUE} = P_{\text{nmax}}/\text{CC}_{\text{area}} \qquad (6)$$
$$\text{PNUE} = P_{\text{nmax}}/N_{\text{area}} \qquad (7)$$

式中，N_{area} 为叶片单位面积氮含量，单位为 $\text{g} \cdot \text{m}^{-2}$；PEUE 为光合能量利用效率，单位为 $\mu\text{mol} \cdot \text{g glucose}^{-1} \cdot \text{s}^{-1}$；PNUE 为光合氮利用效率，单位为 $\mu\text{mol} \cdot \text{g}^{-1} \cdot \text{s}^{-1}$。

（三）数据分析

光合-光强响应曲线采用直角双曲线修正模型进行拟合，模型方程为：

$$P_{\text{n}} = \alpha \, (1 - \beta I)(1 + \gamma I) - R_{\text{d}} \qquad (8)$$

式中，α 是光响应曲线的初始斜率，即表观量子效率（AQY）；β 和 γ 为系数，单位为 $\text{m}^2 \cdot \text{s} \cdot \mu\text{mol}^{-1}$；$I$ 为光合有效辐射，单位为 $\mu\text{mol} \cdot \text{m}^{-2} \cdot \text{s}^{-1}$；$R_{\text{d}}$ 为暗呼吸速率，单位为 $\text{mg} \cdot \text{g}^{-1} \cdot \text{h}^{-1}$。

水分利用率（water use efficiency，WUE）的计算公式为：

$$\text{WUE} = P_{\text{n}}/T_{\text{r}} \qquad (9)$$

式中，T_{r} 为蒸腾速率，单位为 $\text{mmol} \cdot \text{m}^{-2} \cdot \text{s}^{-1}$。

应用 SPSS 16.0 进行统计分析，采用单因素方差分析和最小显著差数法进行不同处理间均值的方差分析和差异显著性比较（$P = 0.05$）。叶片 N_{mass} 与植物 SLA、CC_{mass}、P_{n} 之间的关系采用 Pearson 相关分析，并进行双尾显著性检验。

二、结果与分析

（一）不同氮素添加下羊草光合作用对有效光合辐射的响应

随着有效光合辐射的增强，5 种氮素添加处理下羊草的 P_{n} 均呈先升高后降低的趋势，当光照强度在 $0 \sim 300 \, \mu\text{mol} \cdot \text{m}^{-2} \cdot \text{s}^{-1}$ 范围内时 5 种氮素处理的 P_{n} 几乎呈线性增长，如图 5-1 所示。当达到一定光合辐射强度时，5 种氮素处理的 P_{n} 达到最大值，即光饱和点。CK（$R^2 = 0.864$，$P < 0.01$）、N30（$R^2 = 0.716$，$P < 0.05$）、N50（$R^2 = 0.802$，$P < 0.01$）、N100（$R^2 = 0.748$，$P < 0.05$）、N150（$R^2 = 0.837$，$P < 0.01$）处理的 P_{n} 与有效光合辐射的相关性均达显著水平。由直角双曲线的修正模型方程可以计算出 5 种植物的光合响应参数（表 5-1）。由表 5-1 可知，5 种氮素处理的羊草的 LSP 均高于 $900 \, \mu\text{mol} \cdot \text{m}^{-2} \cdot \text{s}^{-1}$，其大小顺序为 CK＞N50＞N150＞N100＞N30，N30、N50、N100、N150 处理的 LSP 分别比 CK 处理低 40.32%、19.73%、38.18%、37.75%，差异达显著水平（$P < 0.05$）。LCP 随着氮添加水平的增加而增大，大小顺序为 N150＞N100＞N50＞N30＞CK，N30、N50、N100、N150 处理的 LCP 分别比 CK 处理高

11.34%、12.43%、13.77%、22.18%，差异达显著水平（$P<0.05$）。AQY 随着氮添加水平的增加表现为先升高后降低的趋势，N100 处理的 AQY 显著高于其他 4 种氮素处理。5 个处理 P_{nmax} 的大小顺序为 CK＞N30＞N100＞N50＞N150，N30、N50、N100、N150 处理的 P_{nmax} 分别比 CK 处理低 22.51%、48.56%、27.43%、50.72%，差异达显著水平（$P<0.05$）。

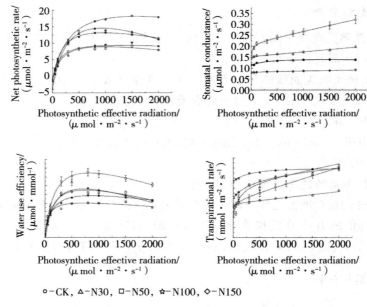

○-CK，△-N30，□-N50，☆-N100，◇-N150

图 5-1　不同氮素添加下羊草光合-光强响应曲线的比较

表 5-1　不同氮素添加下羊草的光合响应特征参数

叶片特性	CK	N30	N50	N100	N150
光饱和点 （$\mu mol \cdot m^{-2} \cdot s^{-1}$）	1568.59± 30.83a	936.11± 11.60c	1.259.10± 30.83b	969.78± 20.18c	976.51± 30.83c
光补偿点 （$\mu mol \cdot m^{-2} \cdot s^{-1}$）	15.69± 0.22c	17.47± 0.38b	17.64± 0.05b	17.85± 0.42b	19.17± 0.03a
表观量子效率	0.07± 0.00c	0.10± 0.00b	0.10± 0.00b	0.10± 0.00a	0.07± 0.00c
最大净光合速率 （$\mu mol \cdot m^{-2} \cdot s^{-1}$）	18.08± 0.05a	14.01± 0.92b	9.30± 0.01d	13.12± 0.13c	8.91± 0.41d

注：同行不同字母表示差异显著（$P<0.05$），下同。

气孔是植物叶片与外界进行气体交换的通道，是叶片蒸腾及光合原料 CO_2 进入细胞内的通道，其行为与叶片的蒸腾和光合性能有着密切的关系，陆生植物通过气孔开放调节水分的出入。水分利用效率是指消耗单位质量的水，植物所固定的 CO_2，是衡量植物水分消耗与物质生产之间关系的重要综合性指标。由图 5-1 可以看出，随着有效光合辐射的增加，5 种氮素处理的羊草的 G_s、T_r 和 WUE 均有一定程度的增加。在有效光合辐射大于 1500 $\mu mol \cdot m^{-2} \cdot s^{-1}$ 时，N50 和 N100 处理的 G_s 随着光照强度的增加而下降，CK、N30、N150 处理的 G_s 随着光照强度增加而增加。CK 处理的 G_s 随有效光合辐射增加而增加的幅度明显高于其他 4 种氮素处理。5 种氮素处理的羊草的 T_r 均随着有效光合辐射的增加而增加。在模拟光辐射逐渐增强初期，各处理羊草的 WUE 快速升高，当模拟光辐射达到 800 $\mu mol \cdot m^{-2} \cdot s^{-1}$ 时，各处理羊草的 WUE 达到最大值；此后，随着光强的增加，WUE 则缓慢下降。CK 处理的 WUE 随着有效光合辐射增加而增加的幅度明显高于其他 4 种氮素处理，说明 CK 处理的羊草对水分的利用效率更高。

（二）不同氮素添加下羊草叶片特性的比较

由表 5-2 可以看出，羊草叶片 SLA 随着氮素添加量的增大表现为先升高后降低的趋势，N50、N100 和 N150 处理的叶片 SLA 显著高于 CK，N30 处理的 SLA 高于 CK，但无显著差异。叶氮含量随着氮素添加量的增大而增加，N30、N50、N100 和 N150 处理的叶氮含量分别比 CK 高 21.95%、36.04%、47.45% 和 51.52%，差异达显著水平（$P < 0.05$）。叶磷含量无一致的变化规律，N30、N50、N100 和 N150 处理的叶磷含量均显著高于 CK。叶 N/P、CC_{mass} 随着氮素添加量的增大而增大。叶片 Ash 随着氮素添加量的增大而减小，N30、N50、N100 和 N150 处理的叶 Ash 显著低于 CK。5 种氮素处理的叶片 Hc 之间没有显著差异。PEUE、PNUE 没有一致的变化规律，N30、N50、N100 和 N150 的 PEUE 和 PNUE 均显著低于 CK。

表 5-2　不同氮素添加下羊草叶片特性的比较

叶片特性	CK	N30	N50	N100	N150
比叶面积（$cm^2 \cdot g^{-1}$）	88.52± 3.22c	88.64± 2.95c	99.52± 1.77b	109.10± 4.76a	101.10± 5.34a
叶氮含量（$mg \cdot g^{-1}$）	17.45± 0.18e	21.28± 1.07d	23.74± 0.32c	25.73± 0.08b	26.44± 0.39a

叶片特性	CK	N30	N50	N100	N150
叶磷含量（mg·g^{-1})	1.34±0.01b	1.62±0.13a	1.52±0.24a	1.62±0.19a	1.59±0.01a
叶 N/P	13.02±0.05b	13.16±0.36b	15.99±2.80a	16.13±1.99a	16.63±0.15a
灰分浓度/%	6.26±0.30a	5.62±0.43b	5.05±0.19c	4.34±0.14d	4.30±0.22d
去灰分热值（kJ·g^{-1})	15.39±0.88a	14.77±0.53a	14.84±0.58a	14.83±1.01a	15.29±0.98a
建成成本（g glucose·g^{-1})	1.96±0.07d	2.10±0.06a	2.24±0.05b	2.35±0.08a	2.42±0.07a
光合能量利用效率（μmol·g glucose^{-1}·s^{-1})	0.81±0.04a	0.59±0.03b	0.41±0.00c	0.60±0.03b	0.37±0.03d
光合氮利用效率（μmol·g^{-1}·s^{-1})	9.16±0.29a	5.85±0.38b	3.90±0.06c	5.56±0.24b	3.41±0.17d

（三）不同氮素添加下 P_{nmax} 与叶片 N_{mass}、P_{mass}、SLA、CC_{mass}、PEUE、PNUE 之间的相关性

由表 5-3 可以看出，5 种氮素添加下羊草 P_{nmax} 与 PNUE、PEUE 呈极显著正相关（$P<0.01$），与叶片 N_{mass}、P_{mass}、SLA 和 CC_{mass} 呈极显著负相关（$P<0.01$）；羊草叶片 N_{mass}、叶片 SLA、P_{mass} 和 CC_{mass} 呈极显著正相关（$P<0.01$），与 P_{nmax} 呈极显著负相关（$P<0.01$）；叶片 CC_{mass} 与叶片 SLA 之间也呈极显著正相关（$P<0.01$）。

表 5-3　不同氮素添加下羊草 P_{nmax} 与叶片 N_{mass}、P_{mass}、SLA、CC_{mass}、PEUE、PNUE 之间的相关性

指标	最大净光合速率	比叶面积	建成成本	叶片磷含量	叶片氮含量	光合能量利用效率
光合氮利用效率	0.98**	−0.49**	−0.81**	−0.46*	−0.87**	0.98*
光合能量利用效率	0.98**	−0.375*	−0.77**	−0.39**	−0.79**	—

指标	最大净光合速率	比叶面积	建成成本	叶片磷含量	叶片氮含量	光合能量利用效率
叶片氮含量	−0.83**	0.78**	0.94**	0.48**	—	—
叶片磷含量	−0.37**	0.26	0.42*	—	—	—
建成成本	−0.78**	0.71**	—	—	—	—
比叶面积	−0.52**	—	—	—	—	—

注：* 表示显著相关（$P<0.05$），** 表示极显著相关（$P<0.01$）

三、讨论

净光合速率 P_n 是评估光合作用强弱的重要指标。从图 5-1 可以看出，在相同有效光合辐射的情况下，4 种氮素添加下羊草的净光合速率均低于 CK，且最大净光合速率显著低于 CK。LSP 与 LCP 是反映植物对强光和弱光利用能力的指标。LCP 较低、LSP 较高的植物对光环境的适应性较强。本试验研究表明，CK 的 LCP 最低，而 LSP 最高，说明氮沉降降低了羊草利用弱光的能力，即对光环境的适应性降低。综合分析认为，氮沉降降低了羊草的光合作用能力。这与蒋丽的研究结果一致，而与肖胜生、李明月等的研究结果不一致，他们认为氮素添加对植物光合作用有一定的促进作用。这可能是研究的植物种类、施氮年限、生境条件等不同造成的。国内外一些研究认为，适量的氮素添加在一定时间内有利于光合同化和植物生长，但是在过量或高浓度氮素处理下，植物体内营养元素出现失衡，会造成植物光合能力降低。本研究认为，施氮使贝加尔针茅草原羊草的光合作用受水分条件的限制和氮素积累的影响，从而导致羊草的光合作用受到限制。

叶片 SLA 是植物调节和控制碳同化最重要的植物特性。当植物可获取的营养状况改变后，植物可以通过改变叶片结构、叶片养分含量浓度来获取充足的光资源。本研究表明，随着氮沉降水平的升高，叶片 SLA 表现为先升高后降低的趋势。N100 处理的叶片 SLA 最高，N150 处理的叶片 SLA 低于 N100。这与万宏伟等的研究结果一致。叶片氮含量随着氮添加水平的升高而升高，这与万宏伟（其研究认为，内蒙古温带草原羊草叶片含氮量在氮添加小于 175 kg·hm^{-2} 时随氮添加量的增大而增加）、宾振钧（其研究认为，青藏高原高寒草甸垂穗披碱草叶片含氮量随氮添加量增大而增加）等人的研究结果一致。叶片磷含量无一致的变化规律，4 种氮添加处理的叶片磷含量均显著高于 CK。氮沉降的增加显著提高了植物的 N/P 值，叶片 N/P 值随着氮添加水平的升高而升高，从 13.02 增加到 16.63，这与 Stevens 等人的研究结果一致。氮沉降提高叶片中 N/P 值，其原因可能是氮添加会提高土壤有效氮浓度，增加了土壤对植物有效氮的供应，从而提高了叶片 N/P 值；另一种原因可能是随着氮的持续增加，土壤出现了酸化，降低了土壤磷的矿化速率和有效磷含量，减少了土壤对植物有效磷的供应，叶片中磷含量降低，从而提高了叶片的 N/P 值。国内外一些研究认为，蛋白质、氨基酸等含氮化合物的合成需要较高的能量，叶片氮浓度的增加会促进叶片的呼吸作用，因此叶片氮浓度的增加可能提高叶片建成成本。本研究中 CC_{mass} 随着氮添加量增大而增加。

水分和氮素是植物光合作用和生长的必要因子，水分利用效率和光合氮利用效率是评估植物净光合速率的重要指标。在资源匮乏的环境中，植物会采用资源保护的策略来提高自身的竞争力。Lambers 等人的研究认为，在能够支持植物生长的光强下，氮含量较低的植物叶片的 PNUE 较大，这是因为这些植物合理地将叶片氮分配到光合作用中，以达到最优的光合氮利用效率。而另一些研究者认为，高氮叶片的 Rubisco 酶活性降低，因为高氮环境下增加的 Rubisco 酶更多以氮库形式存在，并没有催化能力，即单位 Rubisco 酶的羧化效率降低。在本研究中，CK 处理的水分利用效率、光合能量利用效率、光合氮利用效率都显著高于其他 4 个氮素添加处理。相关性分析发现，叶片氮含量与 PEUE、PNUE 呈极显著负相关。这与 Lambers 等人的研究结论一致。P_{nmax} 直接反映了植物本身积累干物质的能力，由表 5-3 可知，羊草的 P_{nmax} 与 PNUE 呈极显著正相关，这与郑淑霞等的研究结论一致。P_{nmax} 和 PNUE 降低主要是因为植物本身分配到光合作用中的氮减少，而不是因为叶片中氮含量减少。PEUE 是评估植物叶片能量利用效率的重要指标，羊草的 PEUE 与 P_{nmax}、PNUE 均呈极显著正相关（表5-3），氮沉降增加使羊草的 P_{nmax} 降低、N_{mass} 增加，进而降低了羊草的 PEUE。对于羊草光合特性与环境的关系，研究者大多从土壤水分状况、干旱胁迫以及放牧影响的角度进行研究，有关氮沉降对羊草光合作用的影响机理仍有待深入探讨。

第二节　氮沉降对草原凋落物分解的影响

凋落物是植物生长发育过程中的产物，是草原生态系统的重要组成部分，推动着土壤有机质的矿化分解和土壤养分的循环与转化，对维持草原生态系统的功能具有重要作用。凋落物分解包括淋洗作用、机械破碎、有机物质的转化、土壤动物的消化作用及土壤微生物的酶解作用。凋落物分解不是单一的分解过程，而是由这些因素综合作用的结果。凋落物分解受到内部因素和外部因素的综合影响，其中内部因素包括物理因素（体积、形状、表面粗糙程度等）和化学因素（N、P、木质素浓度，C/N 等）两方面。凋落物的分解率因植被的种类、质地、叶形、叶面积等不同而存在明显差异。凋落物分解也受到非生物因素和生物因素的共同影响。早在 1876 年，德国的 Ebermayer 就开始研究凋落物在养分循环中的作用，此后国外许多学者对世界范围内凋落物的分解及影响因素进行了大量研究，但大多是关注森林生态系统。直至 20 世纪 80 年代，草地凋落物的研究才逐渐开展。

氮沉降研究已成为国际上生态学研究的热点内容之一。作为生物地球化学循环的重要组成部分，草地凋落物分解的研究也逐渐受到重视。欧洲和北美一些发达国家和地区对于草原生态系统对全球性氮输入增加的响应进行了研究，国内有关氮素添加对草原生态系统影响的研究还相对较少。持续的氮沉降作用对草原生态系统的影响机制还有待揭示。本文综述了草原凋落物分解的影响因素，讨论了需进一步加强研究的内容，为深入理解氮沉降对草原生态系统的影响，制订草原合理的养分管理策略提供科学依据。

一、氮沉降对凋落物组成结构的影响

在陆地生态系统中，90%以上的地上部分净生产量通过凋落物的方式返回地表，是分解者物质和能量的主要来源。草原凋落物的分解影响着草原植物萌发、群落结构和植被演替。大量模拟氮沉降的试验表明，氮素添加会降低植被物种的丰富度。有研究者通过模拟试验研究氮沉降对内蒙古典型草原群落植物多样性的影响，结果表明，氮沉降明显减少了草原植被物种丰富度。Foster 等人的研究结果显示，两个生长季的氮素添加均降低了美国密歇根州草地物种的丰富度。Stevens 等在英国 68 个酸性草地上的研究也有类似发现，物种丰富度随无机氮的沉降呈线性关系减少，每增加 $0.25 \ g \cdot m^{-2} \cdot a^{-1}$ 的氮沉降，$4 \ m^2$ 的样方内将减少一个植物种。Ren 等对高寒草甸草原的研究发现，添加氮素改变了植物群落物种多样性。张杰琦等的研究表明，氮素添加显著降低了青藏高原高寒草甸草原植物群落中的物种丰富度（$P < 0.01$）。氮沉降会改变草原植物群落组成，其中包括物种的演替、优势物种的定居及稀有种的丧失。

长远来看，草原植物群落的物种组成，特别是优势功能型物种的转变将可能导致凋落物质量和可分解性的完全转变。Fisher 等对美国赤华胡安沙漠长期的增氮试验表明，施氮区草本植物的盖度比对照区高 30%，豆科植物的盖度比对照区降低 52%，说明植物群落组成不同对施氮的响应也不同。祁瑜等对几种草地植物施氮的研究显示，豆科植物和禾本科植物对氮素添加表现出不同的响应，豆科植物对氮素添加响应不明显，施氮没有改变其生物量分配格局，而禾本科植物对施氮的响应明显，土壤养分的增加可促进羊草的营养繁殖能力。不同植物对氮沉降的响应具有物种特异性，多年生非禾本科植物比禾本科植物对氮沉降更为敏感，且更易丧失。

氮素添加对植物地上地下的生物量组成结构也存在影响。氮素添加可以影响凋落物产量，最终影响凋落物的分解。一些学者认为，氮沉降会造成植物根系的生物量降低。Fenn 等人的研究表明，生态系统中氮增加可以促进叶的生长，但随着氮沉降增加，地下细根生物量分配降低。一项模拟氮沉降研究显示，增加氮可以增加种子、茎和根的产量，但根茎比却降低。许多研究都发现，提高氮素水平可以显著降低细根总生物量。但也有一些研究表明，在贫瘠环境中，增加养分特别是氮的有效性，可促进细根生长和生物量的积累。氮素的添加可以促进植株生长，提高植物地上和地下部分的凋落物产量，加快凋落物分解。也有研究表明，氮添加对赤华胡安沙漠中小灌木细根的生长无影响。Kuperman 研究认为，氮沉降对生态系统中凋落物分解速率的影响往往取决于试验所用的植物种类。综上所述，植物物种丰富度的改变会对凋落物分解产生影响。氮沉降造成草原植物物种多样性降低，改变植物群落的组成和结构，引起凋落物的组成结构发生变化，最终对凋落物分解产生影响。

二、氮沉降对凋落物化学组成的影响

许多研究表明，不同植物的凋落物化学组成不同，凋落物的分解速率也不同。氮沉降改变凋落物的化学组成，进而影响凋落物的分解速率。氮沉降对凋落物化学元素含量的影响已在模拟氮增加试验中得到证实。凋落物的化学组成，尤其是凋落物中的氮素含量是影响凋落物分解速率和凋落物分解过程中养分释放的重要因素。凋落物的氮含量能较好地预测凋落物分解初期的分解速率。含氮量高的凋落物分解速率高于含氮量低的凋落物。Vestgarden 的研究表明，凋落物本身含氮量高或是外加氮处理都能促进凋落物的分解。凋落物自身木质素及化学组成，特别是氮素含量作为分解者的营养需求与分解速率联系在一起，凋落物中不同营养元素（如 N、P、S 等）的水平往往是相关的。一般来说，凋落物中 C/N 值越小，初始氮浓度越高，木质素含量越低，凋落物分解速率越快。总氮的残留量与凋落物分解残留率呈正相关。随着氮沉降的增加，凋落物分解加快，凋落物氮含量也随之增加。一般认为，氮沉降的增加会导致凋落物化学组成的变化，影响草原生态系统凋落物的分解速率。外加氮在一定程度上增加了凋落物可利用的氮素，从而加速了凋落物的分解。Hobbie 在夏威夷的试验表明，氮素有效性与凋落物碳质量相互作用影响凋落物的分解，在低木质素含量情况下，氮增加促进凋落物分解。氮素的添加也会促进凋落物中纤维素和可溶物质的初期分解。

长期施氮，沉降的氮跟分解时的一些物质聚合形成更难降解的物质，氮沉降则会抑制凋落物的分解。植物生长过程中，其组织内养分元素含量以及纤维化程度不一样，从而导致不同生长季节植物的化学性质不同。分解早期阶段，凋落物中含有较多的易分解物质，淀粉等含量大大减少，木质素的比例明显增加。分解的后期阶段，凋落物中积累大量难分解化合物，例如纤维素、单宁、角质以及分解过程中产生的次生代谢物质。大气氮沉降会促进凋落物分解过程中的木质素和酚类物质发生聚合反应，形成不易降解的物质，降低了凋落物的分解速率。还有研究发现，大部分生态系统中几乎都存在由于氮素添加而导致的磷限制，而这种磷限制会影响凋落物的分解过程。综上所述，氮沉降会改变凋落物的化学组成，分解前期因养分含量及水溶性碳水化合物受到氮素的影响，速率加快；而分解后期因木质素含量的升高及沉降的氮与凋落物中其他物质的聚合形成难分解的物质，速率降低。

三、氮沉降对凋落物分解环境的影响

（一）氮沉降对土壤理化性质的影响

氮沉降通过影响草原土壤 pH、土壤养分、土壤微生物、土壤动物和土壤酶活性及其交互作用，最终影响草原凋落物分解。氮沉降的增加能加速土壤酸化。潘根兴等对庐山土壤近 35 年的研究发现，由于氮沉降作用该地区土壤 pH 有明显的下降趋势。魏金明等对内蒙古典型草原水肥的研究也有类似发现，与对照相比随着氮肥使用量的增加，土壤 pH 明显降低。土壤 pH 是影响土壤生物分布的敏感因素，土壤 pH 影响土壤生物代谢的酶活性及细胞膜的稳定性，进而影响生物体对环境中营养物质的吸收，且大多数土壤动物适宜在微酸和中性条件下生活，土壤 pH 的变化也会影响土壤动物的丰富度，进而间接影响凋落物分解。氮沉降可增加土壤中可利用氮含量，使得植物碳同化作用增强，形成大量有机质进入土壤。有研究证明，氮素添加可提高土壤中 $NO_3^- -N$ 等可利用资源。在氮素限制的土壤中，植物根系与微生物竞争土壤中的有效氮，添加氮素后，土壤中

NH_4^+-N 和 NO_3^--N 增加，促进了凋落物的分解，且增加了氮的矿化速度，硝化和反硝化过程的反应底物增多，添加的氮转化为 N_2O 排出，但氮沉降导致的 N_2O 排放增多是否会直接影响凋落物的分解，还有待进一步研究。

（二）氮沉降对土壤微生物的影响

土壤微生物是土壤物质循环和能量流动的主要参与者，推动着土壤有机质的矿化分解和土壤养分的循环与转化，对维持草原生态系统稳定具有重要作用。土壤微生物与生态系统中的植物、土壤养分有着密切的关系，因此氮沉降能间接或直接影响土壤微生物活性，进而对草原凋落物分解产生影响。在凋落物分解的过程中，土壤微生物之间是相互协同、共同作用的，且细菌和真菌在凋落物分解的最初阶段起着主要作用。研究表明，分解者的不同类群对凋落物的分解作用不同，分解主要由土壤微生物来完成，分解强度占年损失率的 97%。土壤微生物在凋落物分解中占有重要的地位，直接影响着凋落物的分解。在氮沉降持续增加的背景下，土壤微生物的生物量、组成与酶活性的改变是调控凋落物分解的核心机制。何亚婷等的研究证明，施氮改变了土壤微生物的群落结构组成及其对底物的利用方式，对土壤微生物多样性的影响呈负效应，且长期施氮降低土壤微生物总量，但有利于细菌数量的增加。高强度的人为施氮可以在短时间内显著改变土壤微生物群落的组成，并对植物和微生物之间的共生关系产生干扰。还有研究发现，对于氮缺乏地区，氮沉降可以增加环境中的营养物质含量，从而促进微生物活动，最终促进凋落物的分解。凋落物分解早期阶段，土壤微生物能吸收和同化可溶性的、低分子量的外加氮用于生长呼吸，促进了自身的生长，增强了活性，有利于凋落物的分解。氮输入后土壤中可利用氮的数量增加，植物碳同化作用相应增强，为微生物的降解提供碳源，加速了凋落物的分解。Lovell 等的研究发现，不同管理措施的草地凋落物在分解过程中，凋落物质量和分解速率的改变促进了细菌数量的提高，同时加速自身的分解。张建利等对云南曲靖市马龙区山地封育草地凋落物的研究表明，凋落物分解过程中，若氮素含量缺乏，则微生物的活性受到限制，微生物必须从外部获得氮源以补充其需要，并与凋落物竞争氮源，从而抑制了凋落物分解。综上，任何有利于微生物活动的行为与过程都将促进凋落物的分解，当微生物活性受到限制时，凋落物的分解也会受到抑制。大多数研究表明，氮沉降可以为微生物生长活动提供氮源，提高微生物活性，加速凋落物的分解。

（三）氮沉降对土壤酶活性的影响

土壤酶活性是土壤生物活性的一个重要指标，土壤酶参与土壤有机物质的分解转化。土壤酶活性的高低可以反映土壤养分（尤其是氮、磷）转化能力的强弱。草原凋落物分解酶的底物由碳、氮、磷 3 种元素组成。因此根据凋落物底物营养成分的不同，凋落物分解酶可以分为纤维素分解酶类、木质素分解酶类、蛋白水解酶类和磷酸酶类。由于凋落物的主要成分是纤维素和木质素，因此决定凋落物分解速率的酶主要为纤维素分解酶类和木质素分解酶类。目前大部分研究认为，氮沉降增加能提高磷酸酶活性，而其他 3 种酶活性未呈现有规律的变化。

有研究显示，长期氮增加造成土壤酶活性降低，特别是木质素分解酶和纤维素分解酶。氮沉降能抑制木质素分解酶的活性，降低土壤有机碳的分解速率，导致土壤碳的积累，从而引起凋落物分解速率的变化。Berg 等在凋落物分解研究中发现，氮增加明显降低凋落物尤其是后期的分解速率，这是由于木质素分解酶主要由白腐真菌产生，而白腐真菌通常仅在氮受限的条件下才能产生该酶。大气氮沉降能直接或间接影响土壤酶活性，从而改变凋落物中营养元素的释放和有机质的形成。有研究表明，过量的氮沉降可以加快凋落物分解，但对木质素分解酶和胞外酶活性却有抑制作用。综上所述，在凋落物分解过程中，酶活性随着凋落物质量不同而发生改变，氮沉降的增加导致酶活性降低，进而影响凋落物分解速率。

第三节　氮沉降对草原土壤微生物群落结构的影响

氮沉降通过改变氮素有效性、土壤 pH、土壤 C/N、凋落物的量，改变植物与土壤微生物之间的养分分配等方式，直接或间接地影响微生物的生长、群落组成和功能。一些研究表明，长期氮沉降增加会改变微生物群落结构，降低微生物生物量，导致真菌生物量减少，细菌生物量不变或减少，土壤细菌/真菌值升高。还有研究表明，氮添加并不会改变土壤细菌/真菌值。因此，氮沉降对土壤微生物特性的影响还存在很大的不确定性。国内开展氮沉降的研究较晚，在氮沉降增加的背景下，对土壤微生物的研究大都是针对森林生态系统开展的，而针对草原生态系统的研究较少。

贝加尔针茅草原是亚洲中部草原区所特有的草原群系，是草甸草原的代表类型之一，在中国畜牧业生产中占有重要地位。草原施氮常作为提高草原生产力和退化草原恢复的措施之一。一方面，草原施氮能够增加土壤营养物质，提高植物群落生产力；另一方面，过量的氮添加会导致草原土壤酸化和富营养化，影响土壤生物群落结构和功能，进而影响草原生态系统的结构和功能。有研究表明，中国内蒙古温带草原每年氮沉降量已经高达 $3.43 \text{ g} \cdot \text{m}^{-2}$，并且未来仍将持续增加。目前，关于氮沉降增加对贝加尔针茅草原土壤微生物群落结构的影响尚不清楚。为此，本研究以贝加尔针茅草原为研究对象，采用模拟大气氮沉降的方法进行施氮处理，利用磷脂脂肪酸（PLFA）技术分析土壤 PLFA 含量及其组成，探讨大气氮沉降增加对贝加尔针茅草原土壤微生物群落结构组成的影响，并结合土壤理化性质，分析驱动土壤微生物群落结构发生变化的因素，从土壤微生物学角度阐述氮沉降增加对草原生态系统的影响机制，以期在大气氮沉降增加背景下，为如何保持贝加尔针茅草原土壤质量及土壤微生物多样性提供理论依据。

一、材料与方法

（一）研究区域概况及试验设计

研究区域概况前文已做介绍，不再赘述。

试验开始于 2010 年 6 月，研究者在围栏样地内设计氮添加试验。试验中施氮处理强度和频度参考国际同类研究的处理方法。以氮计算，氮素添加处理设 5 个水平，依次为 0 kg・hm^{-2}、50 kg・hm^{-2}、100 kg・hm^{-2}、150 kg・hm^{-2}、300 kg・hm^{-2}，分别用 N0、N50、N100、N150、N300 表示。每年分 2 次施入。第 1 次于 6 月 15 日施氮 50%；第 2 次于 7 月 15 日施氮 50%，氮素为 NH_4NO_3。每个处理设 4 次重复，小区面积 8 m×8 m，小区间设 2 m 隔离带，重复间设 5 m 隔离带。

（二）土壤样品采集

研究人员连续施氮 6 年，于 2015 年 8 月 10 日采集土壤样品，用直径 3 cm 土钻在各小区采集 0～10 cm 土层土壤，每个小区采集 10 个点组成 1 个混合土样，去除根系和土壤入侵物，采用"四分法"留取 1 kg 土壤，装入封口袋并用冰盒带回实验室，将其分成两部分，一部分于 −20 ℃ 冷冻保存，用于土壤微生物和土壤速效养分分析，一部分于室内自然风干，用于土壤理化性质分析。

（三）测定方法

土壤理化性质测定：土壤总有机碳采用重铬酸钾 - 浓硫酸外加热氧化法测定，土壤全氮采用凯氏定氮法测定，土壤全磷采用钼锑抗比色法测定，土壤速效磷采用碳酸氢钠浸提 - 钼锑抗比色法测定，土壤硝态氮含量采用紫外分光光度法测定，土壤铵态氮含量采用氯化钾浸提 - 靛蓝吸光光度法测定，土壤 pH 采用玻璃电极法（pHS - 3）按土水比 1∶2.5 测定。

土壤 PLFA 测定：采用修正的吴愉萍方法。称取 2 g 冷冻干燥的土壤样品于特氟隆离心管中，采用氯仿 - 甲醇 - 柠檬酸提取总脂，经 SPE 柱收集磷脂，磷脂通过温和碱性甲酯化为磷脂脂肪酸甲酯，采用安捷伦 GC - MC（6890-5973N）分析磷脂脂肪酸的组成。PLFA 的定性根据质谱标准图谱，以十九脂肪酸甲酯内标物进行定量计算。磷脂脂肪酸的命名采用 Frostegard 等人的方法，PLFA 含量用 nmol·g^{-1}表示。

本研究以磷脂脂肪酸 i14：0、14：0、i15：0、15：0、i16：0、16：1ω7t、16：1ω7c、16：0、i17：0、a17：0、17：1ω8c、cy17：0、10Me18：0、18：2ω6，9c、18：1ω9c、18：1ω7、18：0、10Me19：0 加和表示土壤总磷脂脂肪酸（total PLFAs，T PLFAs）量，以磷脂脂肪酸 i14：0、14：0、i15：0、15：0、i16：0、16：1ω7t、16：1ω7c、16：0、i17：0、a17：0、17：1ω8c、cy17：0、18：1ω7、18：0 加和表示细菌（bacterial PLFAs，B PLFAs）量，以磷脂脂肪酸 i14：0、i15：0、i16：0、i17：0、a17：0 加和表示革兰氏阳性细菌（gram-positive bacterial PLFAs，G＋ PLFAs）量，以磷脂脂肪酸 16：1ω7t、16：1ω7c、17：1ω8c、cy17：0、18：1ω7 加和表示革兰氏阴性细菌（gram-negative bacterial PLFAs，G－ PLFAs）量，以磷脂脂肪酸 10Me18：0、10Me19：0 加和表示放线菌（actinomycete PLFAs，A PLFAs）量，以磷脂脂肪酸 18：2ω6，9c 和 18：1ω9c 加和表示真菌（fungal PLFAs，F PLFAs）量，以磷脂脂肪酸 16：1ω7c、17：1ω8c、18：1ω9c 加和表示不饱和脂肪酸（unsaturated fatty acid，USAT）量，以磷脂脂肪酸 14：0、15：0、16：0、18：0 加和表示饱和脂肪酸（saturated fatty acid，SAT）量。

（四）数据统计与分析

本研究利用 Microsoft Excel 2010 和 SPSS 16.0 软件对数据进行统计分析，采用单因素方差分析和最小显著差数法（LSD 法）进行不同处理间均值的方差分析和差异显著性比较（P＝0.05），统计数据以平均值和标准差表示。土壤微生物类群与土壤化学性质之间的关系采用 Pearson 相关分析，并进行双尾显著性检验，采用主成分分析法（PCA）分析土壤微生物群落结构变化。

二、结果与分析

（一）氮添加对土壤化学性质的影响

随着氮添加量的增大，土壤 pH 呈降低趋势，土壤有机碳呈上升趋势，见表 5-4。氮添加显著降低了土壤 pH，显著提高了土壤有机碳含量（$P<0.05$），但对土壤全氮含量无显著影响（$P>0.05$）。氮添加处理的土壤硝态氮、铵态氮含量高于或显著高于无氮添加对照（N0）。N100、N150 和 N300 处理的速效磷含量显著高于对照，N50 处理的速效磷含量显著低于对照（$P<0.05$）。

表 5 - 4　不同氮添加处理下土壤化学性质变化

处理	N0	N50	N100	N150	N300
pH	6.98± 0.16 a	6.43± 0.03 b	5.99± 0.12 c	5.77± 0.09 c	5.19± 0.05 d
有机碳/（g·kg⁻¹）	39.43± 0.47 c	39.75± 0.58 c	40.04± 0.41 c	44.57± 0.43 b	61.42± 0.50 a
全氮/（g·kg⁻¹）	2.31± 0.21 a	2.27± 0.20 a	2.50± 0.38 a	2.56± 0.09 a	2.39± 0.56 a
全磷/（g·kg⁻¹）	0.43± 0.02 a	0.39± 0.01 b	0.43± 0.02 a	0.41± 0.02 ab	0.39± 0.01 b
碳氮比	17.15± 1.36 b	17.59± 1.30 b	16.25± 2.33 b	17.40± 0.41 b	26.66± 6.21 a
硝态氮/（mg·kg⁻¹）	1.82± 0.04 e	2.82± 0.07 d	9.9± 0.13 c	37.67± 0.48 b	66.21± 0.98 a
铵态氮/（mg·kg⁻¹）	27.42± 1.28 c	66.26± 2.06 a	61.16± 3.88 b	27.60± 0.85 c	30.32± 0.80 c
速效磷/（mg·kg⁻¹）	4.58± 0.14 c	3.89± 0.28 d	5.69± 0.14 b	6.94± 0.28 a	5.83± 0.48 b

注：同行不同字母表示差异显著（$P < 0.05$）；$n = 3$。

（二）氮添加对土壤微生物群落结构的影响

磷脂脂肪酸是活体微生物细胞膜恒定的组分，特定的菌落 PLFA 的变化可反映土壤细菌、真菌生物量与菌落结构。不同氮添加量下土壤微生物总 PLFAs 含量和各类群微生物 PLFAs 含量差异明显，如图 5 - 2 所示。随着氮添加量的增大，土壤总 PLFAs、细菌 PLFAs、革兰氏阳性细菌 PLFAs、革兰氏阴性细菌 PLFAs、放线菌 PLFAs、真菌 PLFAs、不饱和脂肪酸和饱和脂肪酸含量均呈现先升高后降低的趋势。氮添加处理土壤总 PLFAs、细菌 PLFAs、革兰氏阳性细菌 PLFAs、革兰氏阴性细菌 PLFAs、放线菌 PLFAs、真菌 PLFAs 和饱和脂肪酸含量均显著高于对照（N0）。土壤总 PLFAs、细菌 PLFAs、革兰氏阳性细菌 PLFAs、革兰氏阴性细菌 PLFAs、放线菌 PLFAs、不饱和脂肪酸和饱和脂肪酸含量均是 N100 处理最高。N300 处理的 G＋/G－显著高于对照，USAT/SAT 则显著低于对照。N100 处理的 G＋/G－显著低于对照，USAT/SAT 则显著高于对照。随着氮添加量的增大，土壤 F/B 值呈下降趋势。氮添加处理的土壤 F/B 值高于无氮对照处理，且不同氮处理间差异明显。这说明氮添加显著影响了土壤真菌、细菌的比例结构，导致微生物群落结构存在明显差异。

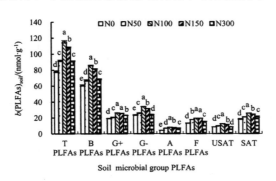

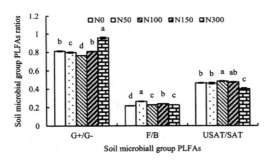

图 5 - 2　不同氮添加处理土壤微生物类群含量及比率

为进一步分析不同氮添加处理下贝加尔针茅草原土壤微生物群落结构的差异，本研究对不同氮添加量下土壤中所提取的 18 种磷脂脂肪酸进行主成分分析（图 5 - 3），结果表明不同氮添加处理的 PC 值在 PC 轴上出现了明显的分布差异，说明氮添加不同程度影响了土壤微生物群落的 PLFA 标记量。第 1 主成分（PC1）对微生物磷脂脂肪酸利用差异的贡献率是 68.13%，第 2 主成分（PC2）贡献率是 15.71%，两者累积贡献率达 83.84%，可用于反映系统的变异信息。不同氮添加处理的土壤微生物群落结构存在差异，位于图中不同位置，且相互之间距离较远。其中，N100、N150 处理聚为一类，位于第一象限；N0、N50 处理聚为一类，位于第三象限；N300 处理位于第四象限。5 个氮添加处理之间明显分离，说明氮添加不同程度影响土壤微生物群落标记的磷脂脂肪酸含量。除 N50 处理与对照 N0 处理的微生物群落结构较为相似之外，N100、N150 和 N300 处理的微生物群落结构都发生了大幅度改变。

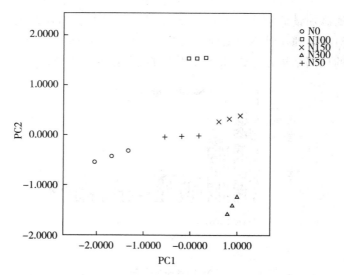

图 5 - 3　不同氮添加下土壤微生物 PLFAs 主成分分析图

　　不同氮添加量下，土壤中具体的各种磷脂脂肪酸含量存在差异，如图 5 - 4 所示。氮添加处理的 G＋菌的单种 PLFA 含量均高于对照。氮添加处理的细菌 PLFA（15：0、16：0）、放线菌 PLFA（10Me18：0、10Me19：0）以及真菌 PLFA（18：1ω9c）含量均高于对照。但不同氮处理下优势类群并未发生改变，均为 i15：0、16：1ω7c、18：1ω7、16：0、18：1ω9c，其含量之和占总 PLFAs 含量的比例分别为 59.44%、58.09%、57.98%、59.51%、56.39%。这表明不同氮添加处理改变了土壤微生物组成和丰富度，但没有影响优势菌群的地位。

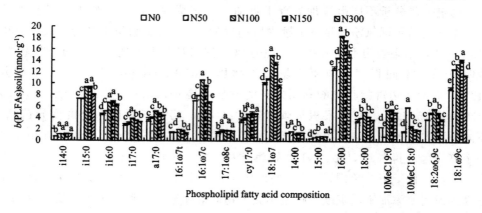

图 5 - 4　不同氮添加处理土壤中各种磷脂脂肪酸组成及绝对含量

（三）土壤微生物各菌群 PLFAs 与土壤化学性质的相关性分析

土壤微生物类群 PLFAs 与土壤化学性质的相关性分析结果（表 5-5）表明，土壤革兰氏阳性细菌 PLFAs、放线菌 PLFAs 和 G＋/G－均与土壤 pH 呈负相关（$P<0.05$），土壤 USAT/SAT 与土壤 pH 呈显著正相关（$P<0.05$）。土壤 G＋/G－与土壤总有机碳、碳氮比、硝态氮均呈极显著正相关（$P<0.01$）。土壤速效磷对土壤微生物群落的影响则更显著，土壤总 PLFAs、细菌 PLFAs、革兰氏阳性细菌 PLFAs、革兰氏阴性细菌 PLFAs、放线菌 PLFAs 和饱和脂肪酸含量均与土壤速效磷呈显著正相关或极显著正相关（$P<0.05$ 或 $P<0.01$）。这说明土壤 pH 和速效磷含量是影响土壤微生物群落结构的关键因素，土壤有机碳、碳氮比和土壤硝态氮含量对土壤微生物群落结构的影响也较大。

表 5-5　土壤微生物类群与土壤化学性质的相关性分析

Item	pH	总有机碳	全氮	全磷	碳氮比	硝态氮	铵态氮	速效磷
总磷脂脂肪酸 (T PLFAs)	−0.442	−0.107	0.363	0.185	−0.258	0.104	0.352	0.615*
细菌 (B PLFAs)	−0.434	−0.100	0.38	0.238	−0.263	0.123	0.264	0.674**
革兰氏阳性细菌 (G＋ PLFAs)	−0.646**	0.187	0.410	0.149	−0.039	0.403	0.08	0.812**
革兰氏阴性细菌 (G－ PLFAs)	−0.225	−0.319	0.35	0.344	−0.428	−0.094	0.328	0.565*
放线菌 (A PLFAs)	−0.699**	0.216	0.294	−0.167	0.041	0.373	0.397	0.544*
真菌 (F PLFAs)	−0.361	−0.207	0.281	−0.019	−0.308	0.008	0.489	0.448
G＋/G－	−0.625*	0.960**	−0.034	−0.431	0.809**	0.851**	−0.502	0.189
F/B	0.045	−0.250	−0.131	−0.503	−0.152	−0.227	0.596**	−0.356
不饱和脂肪酸 (USAT)	−0.162	−0.385	0.350	0.345	−0.484	−0.169	0.409	0.495

Item	pH	总有机碳	全氮	全磷	碳氮比	硝态氮	铵态氮	速效磷
饱和脂肪酸（SAT）	−0.490	−0.031	0.435	0.189	−0.245	0.171	0.328	0.653**
USAT/SAT	0.561*	−0.894*	0.082	0.499	−0.761**	−0.743*	0.360	−0.012

注：* 表示显著相关（$P<0.05$）；** 表示极显著相关（$P<0.01$）。

三、讨论

　　土壤微生物活性和群落结构变化受土壤 pH、营养状况、温度和水分等条件的影响。贝加尔针茅草原属于氮限制的陆地生态系统，对环境变化敏感。施氮对土壤微生物主要有两方面的影响：增加土壤铵态氮和硝态氮的含量，有利于微生物的生长；但同时会降低土壤 pH，不利于土壤微生物的生长。本研究结果表明，连续 6 年氮添加提高了 0～10 cm 土壤微生物总 PLFAs 含量、细菌 PFLAs 含量、革兰氏阳性细菌 PLFAs 含量，这与王长庭等对高寒草甸和 Song 等对东北泥炭地的氮添加研究结果一致。随氮添加量的增大，土壤 pH 显著下降，而土壤有机碳含量显著上升，这可能是因为氮添加对土壤微生物的促进作用大于氮添加引起的pH 降低对土壤微生物的抑制作用。这也表明，对于氮限制的草原生态系统，适量的氮输入有助于促进土壤有机碳的积累。对于氮添加对草地土壤真菌的影响，不同研究者有不同的研究结论。本研究结果表明，氮添加提高了土壤真菌PLFAs 含量。王长庭等对高寒草甸氮添加的试验表明，氮添加降低了土壤真菌PLFAs 含量。施瑶等对内蒙古温带典型草原氮添加的试验表明，氮添加对土壤真菌 PLFAs 含量无显著影响。Bonti 等在美国科罗拉多州的长期草地施氮试验研究发现，施氮增加了细菌的数量，而对真菌数量没有影响。这与本试验研究结果不一致，土壤养分有效性的不同可能是各地研究结果差异的主要原因。

　　土壤磷脂脂肪酸真菌/细菌值是微生物群落对环境变化做出响应和生态系统功能变化的度量标准，具有特定的生态学意义。一般研究认为，长期氮沉降对真菌生物量的负面影响要大于细菌，从而使真菌/细菌值下降。然而也有很多研究并未出现这种结果，原因可能是施氮时间、氮添加量以及土壤质地不同导致土壤可利用性养分存在差异。Nemergut 等对高山苔原氮添加的研究表明，缓慢氮添加并未改变土壤微生物群落结构。Huang 等对新疆温带荒漠草原 3 年氮添加的研究表明，氮添加并未显著改变土壤真菌/细菌值。Diepen 等对硬木森林的模拟氮沉降研究表明，氮沉降降低了土壤丛枝菌根真菌丰度，改变了土壤微生物群落结构。本研究结果表明，氮添加提高了真菌/细菌值，这与某些研究结果一致。本研究通过对所提取的磷脂脂肪酸进行主成分分析，发现 N100、N150 和 N300 处理显著影响了贝加尔针茅草原土壤微生物群落结构。值得注意的是，真菌与细菌之比变化小并不表明微生物群落结构没有变化，因为真菌或细菌某个微生物类群内部可能发生了变化。

土壤革兰氏阳性细菌/革兰氏阴性细菌的值指示土壤营养状况，其值越高表示营养胁迫越强。不饱和脂肪酸/饱和脂肪酸的值反映好氧细菌与厌氧细菌的相对优势，其值越高表示土壤通气条件越好。本研究中，N300 处理的 G＋/G－值最高而 USAT/SAT 值最低，说明随着氮添加量的增大，土壤中可利用性氮增多，造成土壤酸化，可能对微生物生长产生抑制作用。因此，过多的氮添加会抑制贝加尔针茅草原土壤微生物生长。本研究中 N100 处理的 G＋/G－值最低，USAT/SAT 值最高，说明 N100 处理的 0～10 cm 土层土壤养分胁迫低，土壤通气条件较其他处理好。这与刘晓东等对青藏高原高寒草地的研究结论一致。刘红梅等的研究表明，贝加尔针茅草原在施氮 100 kg·hm^{-2} 后土壤微生物活性最高，过量氮添加将增加土壤环境变化对微生物群落的胁迫程度。

微生物是土壤碳氮循环和能量流动的主要参与者。研究氮沉降增加对草原土壤微生物群落结构的影响，对于了解氮沉降增加对草原生态系统结构和功能的影响具有重要意义。本研究初步阐释了不同氮添加量对贝加尔针茅草原土壤微生物群落结构的影响，但对其影响机理尚不明确。由于氮沉降增加具有长期性和全球性的特点，其对贝加尔针茅草原生态系统的影响必然是一个长期的、复杂的过程。在大气氮沉降持续增加的背景下，贝加尔针茅草原土壤微生物群落结构是如何变化的，需要通过其他更为先进的土壤微生物分析技术，如高通量测序、同位素示踪技术等，进行更深入、更有针对性的研究。

第六章　大气氮沉降对农田生态系统的影响

第一节　农田氮素利用与管理

一、农业面源污染

造成农业生态环境恶化的因素主要来源于乡镇工业"三废"、化肥农药、畜禽粪便污染等。相对于工业"三废"等点源污染而言，化肥农药、畜禽粪便污染等农业面源污染由于其发生的随机性、滞后性、模糊性和潜伏性等特点，更难控制。随着点源污染控制能力的提高，非点源污染的严重性逐渐显现出来。在国外，由于西方国家对点源污染的立法和控制更为全面和严格，大多数国家点源污染已得到了较好的控制。水体污染中，非点源污染所占比例不断增大，农业非点源污染逐渐成为水体污染最主要的因素之一。农业面源污染已经成为水体富营养化最主要的因素之一。

非点源污染是冲击物、农药、肥料、致病菌等分散污染源引起的对含水层、湖泊、河流、滨岸生态系统等的污染，农业活动被认为是非点源水质问题的最重要原因。就上海地区而言，非点源污染主要包括农业地表径流（如农药、化肥等）、禽畜污染、郊县村镇居民生活污水、乡镇企业排污等，其中畜禽尿类污染、生活污染以及农药和化肥污染在非点源污染中极为突出。由于施肥的盲目性，上海郊区在农业生产中使用了大量的化肥，其中氮肥占 85％以上，流失率高，据估算约有 8％的氮素进入水体，每年 1 万吨左右，加重了水质氮污染和水体富营养化。就浙江而言，浙江省杭嘉湖、宁绍平原等地的河湖水体因氮、磷的大量积累，富营养化问题也十分突出，其核心问题是氮、磷等营养物质增加，藻类大量繁殖，水中溶解氧减少，透明度下降，水体恶化。

我国人多地少，人均耕地资源紧张。增大土地开发强度，提高土地单位面积产出率，是满足人们日益增长的粮食需求的重要措施。使用化肥农药是促进粮食增产保收的重要手段，也是现代化农业的重要特征。然而化肥农药的滥使滥用引发了严峻的生态环境问题，其原因有化肥投入巨大、施肥结构不合理（有机肥使用量少，氮、磷、钾及微肥使用比例不合理，以氮肥为主，氮肥中以碳铵为主）、使用方法不当（以表撒、撒施为主，深施、穴施较少，叶面肥应用较少）、化肥利用率低等。

二、农田氮素迁移与大气环境

N_2O 既是温室气体，又对破坏臭氧层负有责任，近年来逐渐受到人们的关注。从肥料生产和使用过程中向大气迁移的 NH_3 可达 8.4 Tg N/年，比氮肥使用过程中向大气迁移的 N_2O（1.5 Tg N/年）的数量大得多。在对流层中，NH_3 通过光化学反应可产生 NO 和 N_2O，因此农田 NH_3 向大气迁移的意义不仅表现为农业中的氮素损失，而且涉及大气化学，成为一个环境问题。

我国对农田 N_2O 排放的定位观测研究开始较晚，目前发表的数据也不多。我国是世界上一个重要的农业区，其农田每年的 N_2O 排放量是一个不容忽视的问题。过去认为水田土壤 N_2O 的排放量是微不足道的，但实际并非如此。这与中国水田独特的水分管理方式有关。中国水田 90％ 以上都是间歇灌溉，而且在水稻生长期间还有烤田措施，这种水分管理方式有利于 N_2O 的产生与排放。

农田土壤的硝化作用是指微生物将氨氧化为硝酸，一般在有氧条件下发生；反硝化作用则基本上是在通气不良条件下硝化过程的逆向反应，是将硝酸转化为氮气的过程。这两个过程均有气态氮损失，其中 N_2O 具有环境敏感效应。土壤是大气 N_2O 的主要来源，土壤中生物反硝化、化学硝化和反硝化作用产生并排放的 N_2O 占全球 N_2O 总排放量的 65％。迄今有关 N_2O 排放的研究多见于旱地土壤，对稻田土壤 N_2O 排放及其影响因素的研究不多，且一般认为稻田土壤在淹水状态下只能排放少量的 N_2O。实际上，稻田土壤在干湿交替的水分条件下可能具有相当大的向大气排放 N_2O 的潜力。

三、农田氮肥利用

（一）农田化肥氮的循环与转化

在农田生态系统中，土壤氮循环和转化过程如图 6-1 所示，其中氮可分为有机氮和无机氮两个组成部分。农田有机氮主要来自作物的残体（如根和秸秆）和有机肥，构成新鲜氮库；新鲜氮分解后可以形成微生物量氮库（包括活性和死亡两种形态的微生物量氮）和活性腐殖质氮库，最后形成惰性腐殖质氮库。

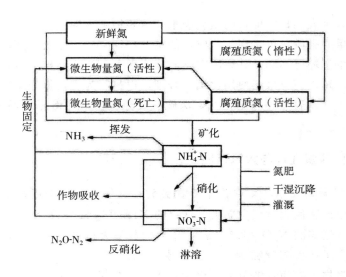

图 6-1　农田土壤中氮循环和转化过程

　　土壤无机氮主要包括硝态氮和铵态氮，主要来源包括化肥氮、干湿沉降和灌溉，有机氮的矿化形成铵态氮，通过硝化作用形成硝态氮，铵态氮和硝态氮通过生物固定形成微生物量氮。土壤无机氮的输出途径包括作物吸收、氨挥发、反硝化、淋溶过程。这些不同形态氮的转化和迁移受到作物和环境条件的影响。未被作物吸收利用而残留在土壤中的氮，经氨挥发、硝化、反硝化作用以气体形态进入大气而污染大气环境；或随降水和灌溉水淋溶到土壤深层，或随径流进入地表水，从而污染地下水和地表水。农田生态系统中，氮素投入和支出之间的平衡对农业的可持续发展和环境保护相当重要。

　　氮肥对生态环境造成的潜在威胁使氮肥的去向成为科学家研究的一个重点。作物吸收氮是土壤氮素去向的重要部分，也是农业生产者最关心的问题。随着氮肥的大量施用以及作物优良品种的选用，作物产量有了很大的提高，作物带走的氮素绝对量增加了。但据中国农业大学植物营养系调查所得，我国农田收获物氮素再循环率已大幅度下降，目前约为30%～40%。这表明我国农业生产中正面临着氮素资源的极大浪费，是我国农业急需解决的问题。

　　固定态铵是土壤氮素的重要组成部分，在近代农业耕作中，土壤的固定态铵主要来源于氮肥和有机肥的大量施用。土壤固定态铵的数量与固定机制在评价土壤氮素的真实矿化量，评价化学氮肥的残效，区别生物固持氮的效应方面具有重要作用。铵的固定使一部分氮素不能立刻被作物利用，有不利影响，但由于其有效性远高于生物固持氮，在保肥（降低溶液中铵的浓度，防止氨挥发）、稳肥方面有重要意义。同时，固定态铵是土壤氮素内循环的重要环节之一，与其他氮素转化过程密切相关。

许多研究者进行肥料氮去向试验时发现，除作物吸收的氮外，肥料氮的损失变化范围在 $1\%\sim30\%$。淋溶和反硝化被认为是肥料氮从土壤中损失的两个最重要的过程。硝酸根离子不能被土壤胶体和黏土矿物所吸附，在土壤硝酸盐含量较高和水分运移良好的条件下极易发生淋溶损失。植物在生长的季节对氮的吸收，可减少土壤中的硝酸根离子，使得硝酸根离子从根区的淋溶损失几乎不发生，除非氮肥的使用量超过了作物需求量。因此，氮从根区的淋溶可能在施氮后的 $1\sim2$ 周内发生，在此期间，当处于高温多雨季节时，对氮肥的施用必须特别慎重。

另外，硝酸盐淋失与土壤质地、耕作方式、氮肥类型、作物种类、生长密度以及地下水位都有很大的关系。实际生产过程中，应将各种因素综合起来考虑，因为硝酸盐淋失不但会造成氮肥利用率降低和经济利益下降，更重要的是可能对地下水造成污染。土壤硝化作用和反硝化作用均有 N_2O 和 N_2 的释放，其释放特点及对环境的要求有一定的差异。硝化作用释放 N_2O 和 N_2 主要发生在土壤表层，需要有氧环境。反硝化作用释放 N_2O 和 N_2 发生在相对较深的土层，需要低氧高湿环境。农田土壤反硝化作用所致的肥料氮的损失估计通常占总损失量的 $10\%\sim30\%$。

土壤氮素可通过氨的挥发直接返回大气，当铵态氮施用于 pH 大于 7 的石灰性土壤表面时，相当数量的氮以氨的形式损失。氨的挥发作用可通过氨被土壤胶体吸附或溶解在土壤溶液中而减弱，挥发过程除随着温度的升高而加速外，地上部分空气的流动也会影响氨的挥发，可能引起氨自土壤表面的转移。氨的挥发过程非常复杂，一般用微气象学方法进行研究，也可使用一些小型吸收装置进行研究。

（二）氮肥利用率

氮肥利用率低是当今作物生产的世界性难题，不仅造成氮素浪费，同时流失氮会使农田周围的环境污染恶化。我国是广种水稻的国家，占世界总水稻产量的近 30%，稻谷在我国粮食生产和人民消费中均占第一位。然而，与主要产稻国相比，我国水稻生产氮肥施用量较高而利用率较低。

农民为获得高产往往增加氮肥施用量，尤其是近十多年来，随着水稻品种改良和产量水平的提高，施氮量不断加大。在我国苏南地区，年均施氮量达到 $600\sim675\ kg\cdot hm^{-2}$，利用率平均为 $20\%\sim25\%$。国内各地进行的 ^{15}N 微区示踪试验表明，稻田氮肥的损失率多为 $30\%\sim70\%$。目前，在水稻高产栽培中，氮肥（纯氮）施用量已达 $300\sim350\ kg\cdot hm^{-2}$，甚至高达 $400\sim450\ kg\cdot hm^{-2}$。然而氮肥用量的增加并没有相应提高水稻对氮肥的吸收利用率。据报道，中国稻田氮肥吸收利用率为 $30\%\sim35\%$，而发达国家平均已达 $50\%\sim60\%$。目前浙江和江苏等一些氮肥用量高的省份，氮肥吸收利用率低于20％。江苏省水稻的氮肥吸收利用率仅为19.9％，显著低于全国平均水平。

肥料利用率低的基本原因有如下三个方面。

（1）偏施氮肥，农田养分施用不平衡

在我国传统的施肥方法中，稻农大都凭经验施肥，缺乏计量施肥的概念。由于氮肥施用后直观效果更明显，因此稻农往往偏施氮肥，造成氮、磷、钾比例失调，不仅导致农田肥料利用率低下，更带来令人担忧的环境问题，同时对农田生态系统的内部结构造成了危害，比如破坏土壤结构、土壤有机质含量下降、保水保肥能力下降等。

（2）农田管理方式不合理

农田地表管理与施肥方式对肥料利用率也会产生很大影响。王小治等提出将田埂高度由6 cm增加到8 cm，则将使稻季径流量和氮素径流排放分别降低73.4％和90％左右。在灌溉方式上，农户大都采取大水漫灌与淹灌的方式，泡田弃水等，使得肥料的流失量很大。今后农户要在水管理途径上减少肥料流失。以稻田为例，节水灌溉的模式基本上可以归纳为四类："浅、湿、晒"模式（此种模式应用最广），"间歇淹水"模式，"半旱栽培"模式（亦称"控制灌溉"）和蓄雨型节水灌溉模式。由于不同灌溉模式的具体淹水、露田、落干时期与程度（标准）不同，农户在选择合适的节水灌溉模式时，应根据土壤质地与肥力、地势、地下水埋深、气象情况以及水源条件等因地制宜地选用。

如果氮肥面施，稻田表面水中铵态氮浓度增加，pH上升，从而导致氨挥发损失。将铵态氮肥施于还原态土壤中能显著降低氨的挥发损失。国外一些研究认为，氮肥深施是提高淹水稻田氮肥利用率的最有效的途径。朱兆良认为，综合考虑氮素的损失、作物对氮的吸收以及动力消耗等诸因素，氮肥施用的深度以6～10 cm比较适宜。韩晓增等用"动态密闭气室法"对东北北部黑土地区水稻田肥料氮的氨挥发进行了测定，相关数据表明，在黑土地区生产者经常采用的施肥量和施肥方法条件下，稻田化肥氮的氨挥发占施氮量的8.8％～17.2％，平均为12.8％。在同等施肥量条件下，表层施用方法氨挥发损失最大，相当于氮肥深施方法的2倍。

（3）氮肥施用时期

氮肥施用时期不同也会影响氮肥利用率。研究者在江苏、浙江、湖南、广东的调查结果表明，农民通常将氮肥总量的55％～85％作为基肥在移栽前10天内追施，这有利于水稻返青和分蘖，尤其对分蘖力偏低的超级杂交水稻及大穗型品种效果更明显。然而大量氮肥在水稻生长前期就进入土壤和灌溉水中，此时水稻根系尚未大量形成，水稻对氮素需求量不是很大，使得肥料氮在土壤和灌溉水中浓度高、停留时间长，加剧了氮素的损失。背景氮含量高的土壤前期施用大量的氮肥，其损失量就更大。

在稻田氮肥损失中，氨挥发占很大比例，是稻田氮肥损失的主要机制之一。国外一些研究表明，氮肥表施时，氨挥发损失占总施氮量的 $10\%\sim60\%$；国内一些研究表明，氨挥发损失占总施氮量的 $9\%\sim40\%$。在同一地区的相同土壤类型、气候条件及同一品种条件下，除施肥方法和施肥量会影响氨挥发外，施肥时期对氨挥发也有影响。在施用量和施用方法相同时，分期施用可减少氨挥发。水稻生长后期植株高大，降低了风速，也就减少了氨挥发；另外，由于植株高大遮光，限制了藻类生长和光合作用，水面 pH 上升较小，也减少了氨挥发；同时，这一时期植株根系生长最旺，吸收力最强，施入土壤中的化肥氮迅速被吸收，减少了氨挥发。基肥氨挥发平均占施入的化肥氮的 15.2%，蘖肥氨挥发平均占施入的化肥氮的 13.2%，穗肥氨挥发平均占施入的化肥氮的 4%。

（三）氮肥管理技术

过量施用氮肥造成的经济损失和生态环境危害，已引起了人们的关注，因而确定适宜的氮肥用量、理清氮肥去向、减少损失、提高氮肥利用率和增产效应、最大限度地降低氮肥对生态环境的不利影响，已成为中国农业发展面临的核心问题。解决这一问题的关键，是在深入研究土壤氮素转化和肥料氮的去向，并对氮肥的各种损失途径进行定量化研究的基础上，提出科学的施肥技术，真正做到合理施肥。

研究者在我国太湖地区对稻田氮肥适宜施肥量进行了大量研究。太湖地区是我国重要的农业高产区，肥料投入量一直呈上升趋势，使得该地区水污染日益严重，因而该地区的农田适宜施氮量就成了科研工作者关注的重要问题。在目前生产条件下，兼顾生产、生态和经济效益，$219\sim255$ kg·hm^{-2} 为太湖地区黄泥土稻田比较合理的水稻施肥量，相应的产量为 $8601\sim8662$ kg·hm^{-2}。崔玉亭等则认为，稻田 $221.5\sim261.4$ kg·hm^{-2} 的氮肥用量是兼顾生产、生态和经济效益比较合理的施肥量，相应的产量范围是 $7379.6\sim7548.6$ kg·hm^{-2}。还有学者研究表明，稻季氮肥施入 $225\sim270$ kg·hm^{-2} 较为适宜，产量范围为 $7000\sim9000$ kg·hm^{-2}。郭汝林研究得出，$161\sim241$ kg·hm^{-2} 的稻季氮肥施入量可以使产量达到 $7285\sim8172$ kg·hm^{-2}。$141\sim200$ kg·hm^{-2} 的施氮量是目前生产条件下浙江中部酸性紫砂泥稻田比较合理的氮施用量范围，相应的产量范围为 $6848\sim7101$ kg·hm^{-2}。以上这些研究都说明了水稻植株吸氮量在一定施肥量范围内会随着施肥量增加而增大，但是如果施肥量高到一定的程度，植株吸氮量就不再增加，多施的肥料就会损失掉，增加环境中的活化氮，加重环境的负担。

近十多年来推广的稻田水肥综合管理技术，源于旱作上"以水带氮"的原理，于稻田田向落干、耕层土壤呈水分不饱和状态下表施氮肥后灌水。与农民习惯采用的撒施氮肥于田面水中的方法相比，这一措施降低了田面水中的氮量，可减少肥料氮的损失。20 世纪五六十年代以来，朱兆良等对稻田氮肥去向做了大量的研究工作，以此为基础提出了水面分子膜技术，用以抑制稻田氨的挥发损失，该技术的成熟对减少稻田氮肥损失具有重大意义。用无机氮作为推荐施肥指标是国外近年来广泛采用的方法，这一推荐施肥方法适用于相对均一且淋溶不强的土壤，现已被成功地应用于我国北方旱地小麦和蔬菜等作物的氮肥施用上。为了更大程度地提高氮素利用效率，协调农业生产与环境保护之间的关系，我国的一些研究者开始采取分期优化施氮技术，即了解不同时期作物对氮素的需求，通过对土壤无机氮的测试来确定氮肥施用量，这一技术目前已取得了初步的成功。

国际上关于原位条件下土壤肥料氮各个去向的综合研究积累了一些成功的经验，这为以后的施肥技术提供了理论基础。定量化的氮肥推荐技术在国内外研究应用较多，如养分平衡法、肥料效应函数法、土壤肥力指标法、营养诊断法等。在利用速测技术和小型仪器测试方面，相关学者也做了大量工作，如建立了水稻叶色诊断推荐施肥技术、不同作物的测土施肥技术、植株叶绿素仪技术、反射仪技术和土壤硝酸盐速测技术等。这些技术在一定程度上改善了以往凭经验盲目施肥所带来的氮肥施用过量的问题。

尽管前人在降低氮素损失和提高氮肥利用率方面做了大量工作，然而稻田氮肥利用率的提高并不明显，其原因主要与氮肥施用量持续增加有关，其次是降低氮素损失和提高氮肥利用率的新规律和新技术没有在水稻生产中广泛推广和应用。

四、农田氮素平衡

养分循环是生态系统最基本的功能之一。农田生态系统与自然生态系统最大的区别在于它是一个人工控制系统，需要不断地人为补给和控制才能持续地发展。所以，人为控制下的农业养分循环是建立持续农业的基础。了解农田生态系统中养分的循环和平衡特征，合理调控养分的输入与输出，是实现农业持续稳步发展所必需的。氮素是农田生态系统中最活跃的元素之一，它积极参与各子系统间的转化和循环，同时氮素作为农业生产中最重要的养分限制因子，也是环境污染的重要因素。

氮素污染主要源自农田生态系统中氮素盈余而导致的损失。研究表明，氮素盈余和损失之间呈极显著的正相关。氮素平衡分析通过对一个系统的投入和产出进行定量化，可以确定系统内的氮素盈余量。利用氮素平衡分析预测不同管理措施对氮素损失的影响，是一个具有较大潜力的管理工具。氮素平衡分析作为评价农业系统氮素利用的定量方法已经有 100 多年的历史，至今仍然在普遍应用。

欧盟各国已经把农场的氮素营养平衡作为养分立法中的一个关键因素，要求农民必须按照每年盈余量的许可临界值权衡其主要投入和产出。临界值的确定主要根据作物种类和土壤类型，如果盈余量一旦超过规定的最高限量，则被征收环境污染税或处以其他类型处罚。这一措施的积极作用是唤醒农民的认识并重新审视他们日常的农作管理措施与环境的关系。

养分平衡计算可以在不同尺度、不同部门进行，如农田尺度、农场尺度、区域尺度和国家尺度。在农场尺度更有助于养分优化管理，在区域和国家尺度则可用于评价农业对环境的影响，但不论哪种尺度的养分平衡计算，遵循的基本原则都是相同的。

氮素平衡的计算方法主要有两种，一是农场总体平衡法，二是土壤表层平衡法。这两种方法均可用于计算不同类型和不同尺度农田生态系统的氮素平衡状况。如 Hansen 等就利用农场总体平衡法计算了丹麦国家尺度的养分平衡状况。波兰采用土壤表层平衡法估算了全国及其不同区域的氮素平衡状况。结果表明，不同地区之间存在很大差异：波兰西北部地区的盈余量最高，大于 $50 \ kg \cdot hm^{-2} \cdot a^{-1}$，其原因主要是集约化生产中投入大量无机化肥和畜禽粪便；而波兰南部地区的盈余量最低，还没超过 $17 \ kg \cdot hm^{-2} \cdot a^{-1}$。

国内研究人员运用农田生态系统生物地球化学模型方法，在 GIS 区域数据库的支持下，估算全国尺度的农田土壤氮素平衡状况，并探明土壤氮素基本去向和氮素污染的可能性。根据基本统计数据和相关参数，研究人员对长江三角洲经济区氮收支平衡及其环境影响进行了估算与分析，预测长江三角洲经济区将面临氮过量引发的严重环境问题。他们借助物质流分析中"输入＝输出＋盈余"的物质守恒原理，以氮素养分为介质建立中国农田生态系统氮素平衡模型，然后采用中国农业统计资料和文献查询获取的参数，估算中国不同地区的氮养分输入输出以及养分盈余并分析养分产生的环境效应。模型计算结果表明，2014 年农田生态系统通过挥发、反硝化、植株蒸腾、淋溶径流和侵蚀等途径损失的氮为 1132.8 万吨，盈余在农田生态系统土壤中的氮为 1301.2 万吨，通过损失途径进入环境中的氮和盈余在农田生态系统中的单位面积耕地氮负荷高风险地区，均集中在中国的东南沿海和部分中部地区。

五、肥料面源污染控制与管理

传统施肥技术往往脱离土壤肥力的测试和评价，缺乏计量施肥概念，大都凭经验施肥，特别是偏施氮肥现象普遍存在，氮用量超越了实际需要，而磷、钾使用比较随意，氮、磷、钾比例失调，不能平衡协调地供应作物需要，达不到预期产量目标，污染环境状况普遍存在。传统的技术和方法通常无法快速获取和提供施肥所需的各种信息，也无法对施肥的复杂性进行系统的模拟和预测。把信息技术、传统施肥技术和专家经验知识结合起来，建立施肥信息管理和决策系统，在一定程度上能解决施肥的盲目性，增加施肥效应和减少对环境的污染。

为有效遏制农业肥料面源污染，在肥料管理层面，相关部门应强化行政法规和健全质量监测；制定无公害农产品质量标准，规范管理；健全农产品质量监测体系，加强市场抽检；制定施肥管理（包括施肥品种与限量、农业废弃物无害化处理和排放、地力养护等）法律、法规，加强行政执法；实行肥料资源总量控制，地区间合理配置。在技术层面，相关部门应引入信息技术，开展面源污染监测、监控与预测，开展精准施肥研究；调整肥料结构，研究开发和应用新型肥料；研究化肥合理减量增效使用技术，重点推广测土诊断平衡施肥技术，提高肥料利用率；加强禽畜粪便无害化处理研究，开发无公害肥料及配套施肥技术；重视水土保持，重点发展生态农业和有机农业。

（一）掌握适宜氮用量，避免过量施肥

在一定范围内，作物产量随施氮量增加而增大，但氮肥用量过高也会产生负效应。因此，我们必须正确掌握现有栽培条件下作物生产的适宜氮用量。20世纪80年代末，大量田间试验研究结果表明，市郊单季晚稻最适宜的化肥氮用量为每亩12～13 kg，再增加氮用量，产量的提高十分有限，每亩氮用量超过15 kg就可能导致减产。20世纪90年代以来，随水稻品种、栽培方式变化，产量得到提高，郊区稻田平均亩施氮量不断上升，近年达到18 kg以上。同期的田间试验研究表明，一般稻田适宜的氮用量应控制在每亩15 kg左右，再增加氮用量，肥料报酬率下降，甚至收不回增加的投入。

（二）增钾补磷，提倡增施有机肥，优化用肥结构

作物生长需要的各种养分是有一定比例的，任何一种养分的缺乏都会影响肥效的发挥。由于有机肥料（养分全面）的施用量减小，化肥又偏施氮肥，农田钾素投入严重不足。以稻麦两熟计，每年每亩投入的钾素只有十多千克（主要依靠秸秆还田），而稻麦收获后带走的钾素在20 kg左右。因此，土壤钾素入不敷出，导致供钾能力逐年下降，郊区缺钾土壤的面积不断扩大。农田磷素投入近几年也显不足，以致许多地方土壤有效磷含量降低。增钾补磷，协调养分供应，是促进作物对氮素的吸收，提高氮肥利用率的一条重要措施。

因此，我们要进一步调整优化用肥结构，大力提倡增施商品有机肥，开发利用优质商品有机肥，重点推广配方肥、专用肥、复混肥等，鼓励生产、使用优质商品有机肥；而且要加大政策扶持和发挥市场机制作用，增加商品有机肥推广和应用，稳步推进有机养分替代化学养分，使有机肥替代化肥成为常态。

（三）建立地力和肥效监测网点，确保科学施肥

作物吸收的养分来自土壤和肥料，土壤地力（养分供应）状况是施肥的主要依据。不同地区土壤类型不同，种植方式、耕作制度、施肥习惯也不一致，农业生产水平相差较大。受各种因素的影响，地力状况和施肥效果处在不断变化之中。建立地力和肥效监测网点，可以为科学施肥提供依据。近几年来，由于财力、物力的限制，土壤养分测定与施肥效益监测未能广泛正常开展，少数试点由于样本数少，不能真实反映地力和肥效的实际情况。今后相关部门要按国务院颁发的《基本农田保护条例》的规定，建立基本农田保护区内耕地地力与施肥效益长期定位监测网点，为科学施肥打好扎实基础，使氮肥等各种肥料的使用更加科学合理，利用率得到真正的提高，促进农业可持续发展。

（四）实施农田排水和地表径流净化工程

在水稻种植集中的区域开展农田排水和地表径流净化工程，利用现有的河沟、池塘等，配置水生植物群落、格栅和透水坝，建设生态沟渠、污水净化塘、地表径流集蓄池等设施，这些措施都可以降低农田氮、磷的排放。

某些地区还可以将不规则田块改造为相互连通的小型一级湿地，通过生态排水沟将稻田排水引入湿地；将田间洼地和部分断头河浜改造为二级湿地（同时可作为灌溉取水水源）。一级湿地尾水排入二级湿地中，二级湿地可种植菱角、藕等经济作物。种植的经济作物通过对稻田排水中氮、磷的吸收利用，不仅可以减少排入外界水体的氮、磷负荷，还可以提高肥料的利用率。二级湿地经过净化的水源可通过灌溉渠系再回灌入稻田，实现稻田水的循环利用，进一步提高水、肥、药的利用率。

第二节　不同施氮量对作物产量及土壤氮素含量的影响
——以夏玉米为例

一、不同施氮量对夏玉米全生育期内生长指标动态变化的影响

夏玉米是一种需氮肥较多的作物，合理施用氮肥是增加玉米产量、提高氮肥利用率的重要措施。近年来随着夏玉米氮肥用量的不断增加，氮肥的增产效果却在逐年降低。造成氮肥肥效降低的因素有很多，其中主要因素是施肥过量和施用

方法不当。为了充分发挥氮肥的增产效益，提高氮肥的利用率，研究者针对夏玉米氮肥最佳施用量进行了研究。

（一）不同施氮量对夏玉米全生育期内株高动态变化的影响

以 2015 年 8 月 20 日的取样数据为例，施氮量为 N0（0 kg/hm²），N111（111 kg/hm²），N222（222 kg/hm²），N333（333 kg/hm²），N444（444 kg/hm²）和 N555（555 kg/hm²）时，夏玉米株高分别为 N0（247.60 cm），N111（259.80 cm），N222（244.60 cm），N333（243.10 cm），N444（242.60 cm）和 N555（241.80 cm），施氮处理后的夏玉米株高与未施氮处理的株高相比分别增加了 5.1%，7.2%，2.3%，2.1% 和 1.8%。根据实验数据可以看出，夏玉米株高随施氮量的增加而递增，但当施氮量达到 222 kg/hm² 时，株高达到最大值 244.60 cm，增长率达到最大值 7.2%，之后施氮量的增加会造成夏玉米株高降低。不同施氮量对夏玉米整个生育期的影响趋势相似。

（二）不同施氮量对夏玉米全生育期内茎粗动态变化的影响

本次实验以夏玉米作为青贮收获，夏玉米茎粗是作物生长指标之一，直接影响着夏玉米的产量。不同的施氮量对夏玉米茎粗影响显著。以 2015 年 8 月 20 日的取样数据为例，施氮量为 N0（0 kg/hm²），N111（111 kg/hm²），N222（222 kg/hm²），N333（333 kg/hm²），N444（444 kg/hm²）和 N555（555 kg/hm²）时，夏玉米茎粗分别为 N0（5.90 cm），N111（6.20 cm），N222（8.30 cm），N333（8.00 cm），N444（7.70 cm）和 N555（7.63 cm）。施氮处理后的夏玉米茎粗与未施氮处理的夏玉米茎粗相比增长率分别为 5.1%，40.7%，35.6%，30.5%，29.3%。根据实验数据可以看出：夏玉米茎粗随着施氮量的增加而递增，但当施氮量达到 222 kg/hm² 时夏玉米茎粗达到最大值 8.30 cm，其相对未施氮处理的玉米茎粗增加了 40.7%。施氮量增加到 333 kg/hm² 时茎粗降低到 8.00 cm。夏玉米经不同施氮量处理后茎粗变化呈现二次函数关系。不同施氮量对夏玉米茎粗的影响在整个生育期内基本一致。

（三）不同施氮量对夏玉米全生育期内平方米样方叶面积动态变化的影响

叶面积指数是反映作物群体大小的较好的动态指标。在一定的范围内，作物的产量随叶面积指数的增大而提高。当叶面积增加到一定的限度后，田间郁闭，光照不足，光合效率降低，产量反而下降。施加氮肥对提高叶面积指数有促进作用。以 2015 年 8 月 10 日的取样数据为例，各不同施氮处理条件下的平方米样方叶面积数分别为 N0（1.21），N111（1.22），N222（1.32），N333（1.30），N444（1.29），N555（1.23）。各施氮处理的平方米样方叶面积数与未施氮处理相比增长率分别为 7.7%，8.3%，18%，16%，9%。根据实验数据可以看出：

夏玉米平方米样方叶面积数随着施肥水平的增加而递增，但当施氮水平高于N222处理时，如果再增加施氮量，平方米样方的叶面积数就会有所降低。施氮222 kg/hm² 时夏玉米平方米样方叶面积数最高，达到 1.32，增长率也达到最大值 18%；施氮增加到 555 kg/hm² 时平方米样方叶面积数反而下降到 1.23，增长率为 9%。不同施氮量处理对平方米样方叶面积的影响在整个生育期内基本一致。

（四）不同施氮量对夏玉米产量的动态变化的影响

本次试验夏玉米作为青贮玉米收获，所以夏玉米地上鲜物质质量可直接反映夏玉米产量。图 6-2 为不同施氮条件下夏玉米产量变化柱状图。从图中可以得出如下结论：夏玉米产量随着施氮量的变化有着明显的变化规律，不同施氮量对作物产量影响显著。随着施氮量的增加，夏玉米产量也在逐渐增加。以收获期为例，各不同施氮量处理的夏玉米的产量分别为 N0（67.183 t/hm²），N111（87.659 t/hm²），N222（90.119 t/hm²），N333（86.270 t/hm²），N444（84.960 t/hm²）和 N555（73.651 t/hm²）。施氮处理后的夏玉米产量与未施氮处理相比增长率分别为 30.48%，34.14%，28.41%，26.46%，9.63%。从实验数据中可以直接看出，随着施氮量增加夏玉米产量也在逐渐增大。当施氮量达到适宜施氮量 222 kg/hm² 时，夏玉米的产量达到最大值 90.119 t/hm²，增长率达到 34.14%。继续增加施氮量，夏玉米的产量就会降低。夏玉米产量与施氮量具有密切相关性。要使产量达到最大值就需优化施肥方案，提高氮肥的利用效率。

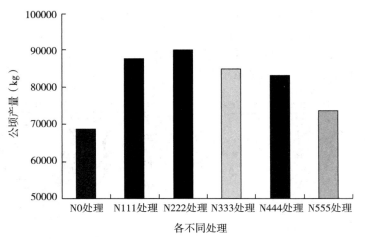

图 6-2　夏玉米鲜物质产量变化柱状图

二、不同施氮量对夏玉米全生育期内土壤含水量的影响

影响作物产量的因素众多，在这些因素中，水和肥最为关键。土壤中的水分不足会降低农作物的产量，养分不足也会降低农作物的产量。土壤中的水分还会限制农作物对养分的充分吸收和利用。适宜的田间土壤含水量可以促进肥料的转化和作物对肥料的吸收利用，从而提高肥料的利用率。适宜的施肥量也可以调节水分利用过程，提高土壤水分的利用效率。所以说土壤水分的运移分布状况对土壤氮素的转化运移起着决定性作用。大量的研究表明，决定土壤氮素迁移转化的主要影响因素为土壤氮素水平和土壤水分的含量。对氮素迁移转化规律的研究表明，土壤水分的运移状况对各土层硝态氮含量的变化具有一定的影响。在大田试验中，土壤含水量的测定采用取土烘干法。全生育期土壤水分状况变化主要受降雨、灌水、植株蒸腾等因素的影响。

图6-3是不同施氮条件下的土壤水分的动态变化曲线。如图所示：不同施氮水平下土壤含水率的变化无明显规律，影响不显著。从图中还可以看出，在整个夏玉米的生育期内，各土层深度的土壤含水率均随降水量的增加而增加。高肥处理条件下的土壤含水量要高于低肥处理的土壤含水量，而且各不同施氮处理的土壤含水率在每次降水后至下次降水之前呈现出下降的趋势。由图可以看出，施氮小区的土壤含水量均大于未施氮小区的土壤含水量。土壤含水率在60 cm土层深度内均显著提高。不同施氮量处理在夏玉米不同生育时期的影响是相似的，但不同施氮处理条件下对各深度土壤含水率的影响效应各不相同。从整个生育时期来看，各层土壤含水率均随降水量的增加而增加。高肥处理土壤含水率要高于低肥处理的土壤含水率，而且各不同处理每次灌溉后至下次灌溉之前土壤含水率基本呈现下降趋势。随着施氮量的增加各作物的耗水量都呈马鞍型变化，即适量施氮肥可以减少作物耗水量，这可能是因为施氮量小（N0，N111），作物生长缓慢，土壤裸地蒸发量增加致使作物耗水量增加；施氮量大（N444，N555）时，作物蒸腾量增加导致作物耗水量增加。

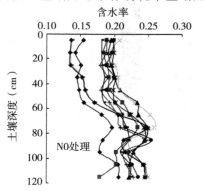
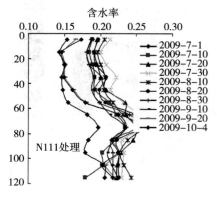

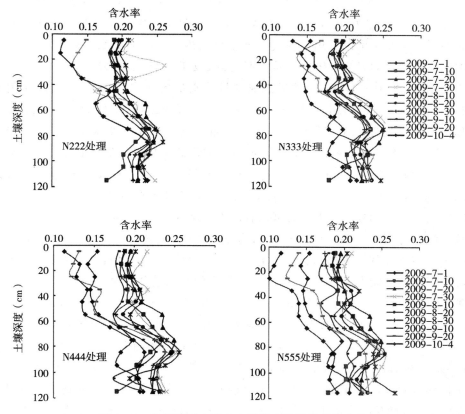

图 6 - 3　各处理下土壤含水量随土层深度变化曲线

三、不同施氮量处理对夏玉米生育期内土壤氮素动态变化的影响

施用氮肥是补给土壤氮素、提高土壤肥力的主要措施。如果长期不施用氮肥，土壤的自然肥力将不断消耗，引起土质不断恶化，最终导致土壤侵蚀以及退化；如果立即停止施用氮肥，全世界总的农作物产量会减少 40％～50％。但是过量施用氮肥又会引起土壤氮素的大量盈余，导致对土壤环境以及地下水的污染。然而降低氮肥施用量又会降低农作物产量。土壤中多余的氮素会以氨挥发、反硝化和硝态氮淋溶等各种形式进入大气和水体。本节研究不同施氮处理下作物生育期内的土壤硝态氮、铵态氮的动态变化以及在土壤剖面的分布，以期为作物的生长制订合理的施氮措施，从而提高氮肥的利用效率，防止氮肥对环境以及地下水的污染。

（一） 不同施氮量对夏玉米生育期内土壤硝态氮含量动态变化的影响

图 6-4 显示了 0～300 cm 土壤深度下硝态氮含量在夏玉米生育期内的动态变化曲线。从图中可以看出，在夏玉米生育期内，不同的施氮处理对 0～40 cm 土壤硝态氮含量的影响有较大差异。不同施氮处理后的土壤耕层（0～40 cm）硝态氮急剧增加，0～20 cm 土壤硝态氮含量分别从播种前的 8.88 mg/kg 上升到 9.43 mg/kg，9.76 mg/kg，20.19 mg/kg，21.14 mg/kg 和 38.56 mg/kg，施氮处理与未施氮处理的土壤氮素含量分别上涨了 6.19%，9.91%，127%，138% 和 334%。土壤表层氮素含量随施氮量的增加而急剧增加。20～40 cm 土层硝态氮含量分别从播种前的 6.86 mg/kg 上升到 8.04 mg/kg，16.56 mg/kg，20.45 mg/kg，38.11 mg/kg 和 99.64 mg/kg，增长率分别为 17.20%，141%，198%，456%，1352%。由数据可以看出土壤硝态氮产生了淋失现象。由于作物根系的吸收与利用，在 40～60 cm 土层深度内土壤硝态氮含量最小。在 60～120 cm 土层深度的土壤硝态氮含量增大，这是因为过量的氮素由于降水等因素在土层中产生了淋失现象，在 120 cm 土层深度的积累量分别由 11.64 mg·kg^{-1} 增长到 12.78 mg·kg^{-1}，29.87 mg·kg^{-1}，56.35 mg·kg^{-1}，66.01 mg·kg^{-1} 和 92.46 mg·kg^{-1}。施氮处理与未施氮处理相比，增长率分别为 10%，157%，384%，467% 和 694%，增长速度急速加快。尤其是高施氮处理 N333，N444 和 N555 处理的硝态氮含量急剧增加，增长率达到了 384%，467% 和 694%，明显高于低施氮处理，差异明显。从图中可以看出，N111 处理的土壤氮素含量最低为 12.78，其增长幅度最小仅为 10%。在 120～160 cm 土层含氮量有所降低，而在 160～300 cm 土层氮素含量变化趋于平缓，氮素含量较小。不同施氮量处理未对深层土壤产生淋失现象。土壤硝态氮含量随着施氮量的增加其差异也在增大，不同施氮量处理对土壤氮素含量影响显著。各土层深度土壤硝态氮含量均随施氮量的不同而变化，其变化幅度各不相同。在土壤表层 0～40 cm 处变化显著，由于作物根系对肥料的吸收，40～60 cm 土层硝态氮含量最低。不同的施氮量处理对 0～150 cm 土壤氮素含量影响显著，150～300 cm 变化趋于平缓，对 0～150 cm 土层深度产生淋失现象。收获（10 月 4 日）时土壤硝态氮含量均有所升高。可见，夏玉米生长季节施氮处理增加了土壤硝态氮的累积，且这些硝态氮可因降雨和灌水作用而向下层土壤移动。

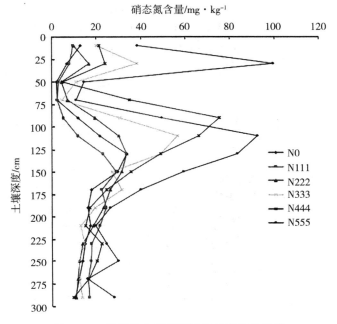

图 6 - 4　夏玉米土壤硝态氮含量的变化曲线

（二）不同施氮量对夏玉米生育期内土壤铵态氮含量动态变化的影响

不同施氮处理对土壤氮素的影响以硝态氮为主，铵态氮为辅。如图 6 - 5 所示：不同施氮量处理下各土层中土壤铵态氮含量相对于土壤硝态氮含量是极其微小的，铵态氮在土层当中的最大含量为 2.30 mg/kg，而土壤硝态氮含量的峰值达到了 99.64 mg/kg，铵态氮含量仅为硝态氮含量的 2%，未施氮处理下的土壤硝态氮的极小含量都达到了 2.51 mg/kg。铵态氮在土壤中随水分向下运移不明显，在各层土壤剖面含量背景值较小。这主要是因为土壤颗粒所带电荷主要为负电荷，而土壤溶液中铵态氮带正电荷，与土壤胶体颗粒接触后被大量吸收，导致土壤溶液中铵态氮含量迅速减少，阻碍了其向下层土壤中运移。

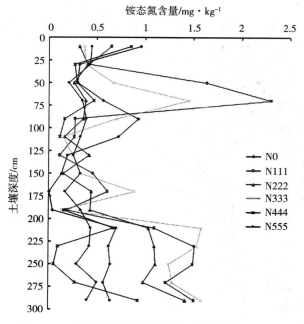

图 6-5　夏玉米土壤铵态氮含量的变化曲线

四、小结

　　研究者利用在田间进行的夏玉米不同施氮试验，观测了夏玉米的自然株高、茎粗、叶面积指数的变化过程，收获时测定了夏玉米作为青贮时的产量，即夏玉米的生物量，分析了不同施氮量对夏玉米的各项生长指标以及土壤硝态氮和铵态氮含量变化的影响，得出以下结论：

　　（1）夏玉米的生长指标随施氮量变化而变化。当施氮量在 N222（222 kg/hm²）以内时，作物生长指标随施氮量的增加而增加；但是当超过适宜施氮量 N222（222 kg/hm²）时，作物的生长指标系数会有所下降。适量的氮肥促进夏玉米的株高、茎粗、叶面积指数等生长指标的增加。氮肥对夏玉米产量性状的影响，主要表现在株高、茎粗以及生物量方面。

　　（2）在满足高产和肥料高效利用的前提下，供应氮肥的状况是决定作物产量的主要因素之一。不同的施氮量对夏玉米产量影响显著。对于不同的施氮量而言，当施氮量在适宜施氮量 N222（夏玉米 222 kg/hm²）以内时，作物产量随施氮量的增加而增大。但超过适宜施氮量时，提高施氮量会导致作物氮肥利用率以及产量降低。

　　（3）硝态氮是作物吸收氮素营养的一种有效氮形态。土壤中大量残留硝酸盐是发生硝态氮淋失必须满足的一个重要条件。本研究结果表明，在北方种植模式下，施肥后多余的氮素绝大部分以硝态氮形式在土壤剖面中累积，氮肥对夏玉米的土壤硝态氮影响主要反映在 0～150 cm 土层中。在作物生育后期，不同氮肥处理的 0～150 cm 土层内的硝态氮含量有明显的差异。土壤中氮素以铵态氮形式在各土层累积含量相对于硝态氮较小。

（4）低氮水平的处理可以明显降低土壤氮素含量，但不能满足作物高产对氮肥的需求，高施氮水平的土壤氮素含量对地下水的安全构成了极大威胁。因此在保证夏玉米产量和氮肥利用率的前提下，我们还要考虑施氮量对地下水污染的影响。

第三节　氮沉降对农田大型土壤动物的影响

氮沉降带来的氮绝大部分最终将进入土壤，对土壤动物的种类、数量、群落组成、多样性及生态功能造成很大影响。国内外学者关于氮沉降的研究还主要集中在植物及微生物等方面，特别是我国氮沉降研究仍处于起步阶段，对土壤动物对氮沉降响应的研究报道较少。仅有徐国良等在 2003—2006 年陆续发表相关文章报道了氮沉降下土壤动物的响应，但研究对象局限于森林生态系统。此外，林英华等对氮肥施用条件下农田土壤动物的变化进行了相关研究，可以作为土壤动物对氮沉降响应研究的参考。综上所述，药用植物温郁金属姜科姜黄属，为多年生宿根植物，是典型的亚热带草本植物，栽培广泛，历史悠久。本研究采用喷施氮肥的方法模拟氮沉降对温郁金农田生态系统中大型土壤动物的影响，分析和比较大型土壤动物的个体数、类群数和生物多样性的变化，并讨论生物多样性变化与温郁金及杂草鲜质量的关系，为研究氮沉降下土壤动物的响应提供依据，进一步丰富氮沉降对生态系统影响的评价内容。

一、试验地概况

试验地设立于福建省福州市宦溪国有林场（北纬 $25°15'\sim26°39'$，东经 $118°08'\sim120°31'$），属于亚热带海洋性季风气候，光热资源丰富，终年温暖湿润，降水充足，雨热同期，平均年降雨量 1425 mm，年均气温 20.1 ℃，最高气温 40.2 ℃，最低气温 -19 ℃，全年霜期约 22 d，在 12 月～1 月。

二、试验设计及方法

试验设计：研究者参照国内外类似研究设计方案和处理浓度，用喷施硝酸铵（NH_4NO_3）来模拟大气氮沉降，试验设置 3 个处理组：低氮（T_{50}）、中氮（T_{100}）、高氮（T_{150}），对应的氮沉降量分别为 50 kg·hm^{-2}·a^{-1}、100 kg·hm^{-2}·a^{-1}、150 kg·hm^{-2}·a^{-1}，以不施氮为对照（CK），每组 3 个重复，共 12 个样地。样地总面积为 12 m×12 m，地势平坦，土质均一。种植前进行彻底的除草、翻整，将样地修整为平行畦 4 列，每列分成 3 个小样地，样地四周以及各畦间留有排水沟（≥0.4 m）。2015 年 4 月 7 日挑选优质、健康、大小相近的温郁金母种进行穴栽，株行距 30 cm×35 cm，深 10 cm，每穴 1 枚。温郁金萌芽齐苗后，从 6 月开始，每月中旬将对应量的硝酸铵溶于 10 L 水中，用背式喷雾器来回走动对幼苗全株进行均匀喷施，对照组喷施等量的水。参考温郁金实际的农田管理，7 月 2 日进行除草后，至试验取样时（10 月 22 日）不再除草，杂草自然生长。整个期间不另施肥，必要时进行等效的灌溉。

土壤动物取样及鉴定：10 月 22—23 日，在每个处理的样地中选取 6 个样方，样方大小为 25 cm×25 cm，分 0＜h（土壤深度）≤5 cm（Ⅰ 层）、5 cm＜h≤10 cm（Ⅱ 层）、10 cm＜h≤15 cm（Ⅲ 层）3 个土壤层取样。取好的土样当即分级过筛，采用手拣法收集大型土壤动物，并直接对号投入装有 70％酒精的小瓶杀死固定，然后带回实验室在显微镜下进行分类鉴定，并统计其个体数和类群数。分类鉴定主要参考《中国亚热带土壤动物》和《中国土壤动物检索图鉴》。因昆虫的成虫和幼虫的生态位不同，故而将成虫和幼虫分开统计。

温郁金和杂草地上部分鲜质量：同期于 4 个处理样地中各选取 5 个样方，样方大小为 50 cm×50 cm，分别割取温郁金和杂草的地上部分直接称质量，计算其单位面积鲜质量（kg·m^{-2}）。

数据分析：大型土壤动物数量共分为 3 个等级，划分标准如下：优势类群，指个体数量占捕获总量的 10％以上；常见类群，指个体数量占捕获总量的 1％～10％；稀有类群，指个体数量占捕获总量不足 1％。以 Slanno-Weiner 多样性指数（$H' = -\sum_{i=1}^{s} p_i \ln P_i$），Pielou 均匀性指数（$J = \dfrac{H'}{\ln s}$），Simpson 优势度指数 [$C = 1 - \sum_{i=1}^{s}(n_i/N)$] 3 个常用指数来比较大型土壤动物生物多样性的变化。式中：s 为群落内动物总类群数；n_i 为第 i 类群动物的个体数；N 为群落内动物个体的总数；P_i 为第 i 类群动物个体数占群落个体总数的比例。

三、结果与分析

（一）群落组成特征

调查共获得土壤动物 485 只，分为 19 类，隶属于 2 门 7 纲，见表6-1。其中优势类群共 2 类，为膜翅目和蚯蚓类，其个体数量分别占总捕获量的 44.74％和 21.86％，共占 66.60％，其中单膜翅目这一类就近乎占到总捕获量的一半；常见类群共 8 个，为线蚓类、蜘蛛目、等足目、蜈蚣目、综合纲、半翅目、鞘翅目、鞘翅目幼虫，其个体数量共占总捕获量的 29.91％，分别为 5.57％、4.54％、1.86％、

3.30%、1.03%、5.77%、3.51%、4.33%；稀有类群共9个，只占到总捕获量的3.51%。林英华等调查统计了长期施肥条件下黄土区农田土壤动物群落，其中后孔寡毛目（蚯蚓类）和蚁科（属膜翅目）的个体数量分别占总捕获量的16.14%和29.86%，为优势类群，其在吉林黑土区农田也有相似结果。

表 6-1 样地中大型土壤动物的群落组成和数量等级

门	纲	目（类）	个体数量	个体占总数的比例/%	数量等级
环节动物门	寡毛纲	蚯蚓类	106	21.86	+++
		线蚓类	27	5.57	++
节肢动物门	蛛形纲	蜘蛛目	22	4.54	++
		蜱螨目	2	0.41	+
	软甲纲	等足目	9	1.86	++
	唇足纲	蜈蚣目	16	3.30	++
	倍足纲	倍足类	1	0.21	+
	综合纲	综合目	5	1.03	++
	昆虫纲	弹尾目	1	0.21	+
		蜚蠊目	2	0.41	+
		直翅目	1	0.21	+
		同翅目	4	0.82	+
		半翅目	28	5.77	++
		缨翅目	1	0.21	+
		鞘翅目	17	3.51	++
		鞘翅目（幼虫）	21	4.33	++
		膜翅目	217	44.74	+++
		鳞翅目（幼虫）	1	0.21	+
		革翅目	4	0.82	+
总计	7	19	485	100.00	

注：+++优势类群；++常见类群；+稀有类群。

在氮沉降处理下，各大型土壤动物的类群数和个体数均在Ⅰ层最高，且与Ⅱ

层、Ⅲ层有显著性差异（P<0.05），Ⅱ层与Ⅲ层的差别不显著（表6-2）。一般认为，土壤动物在垂直分布上呈现出表聚性特征，即土壤动物的类群数和个体数等表层最高，随着土壤深度的增加而逐渐减少，本研究结果与之相符。徐国良等发现CK样地中Ⅱ层在个体数和类群数上均为最高，而Ⅰ层最低，其认为这是每月的除草活动导致表层土壤动物群落受到影响，而本试验在7～10月未进行除草管理。另外，林英华等调查表明农田土壤动物数量和类群数的最大值可能出现在3层中的任意一层。

表6-2　样地中大型土壤动物的垂直分布

h（土壤深度）/cm	类群数/个	个体数/个
0<h≤5 cm（Ⅰ层）	6.00a	15.25a
5 cm<h≤10 cm（Ⅱ层）	4.33b	12.33b
10 cm<h≤15 cm（Ⅲ层）	3.83b	12.83b

注：同一列中标不同字母者表示差异显著（P<0.05）。

（二）模拟氮沉降对土壤动物的影响

1. 模拟氮沉降对土壤动物个体数的影响

垂直分布上，CK处理下Ⅰ层的土壤动物个体数为3层中的最高水平，而在低浓度（T_{50}）处理中Ⅰ层和Ⅱ层接近，在高浓度（T_{150}）处理中Ⅱ层的土壤动物个体数最多，Ⅰ层和Ⅲ层相近且均小于Ⅱ层（表6-3），基本趋势表现为随着氮沉降处理浓度的增加，土壤动物个体数的最大值由表层逐渐向下移动。徐国良等在苗圃试验样地的研究结果表明，在高浓度氮处理下土壤动物会向深层趋避。表层土壤受到氮沉降的影响最为直接，其性质改变可能是导致表层土壤动物个体数减少的重要原因。从分布的均匀程度来看，低浓度（T_{50}）处理下土壤动物个体数在3层中分布均匀，这也与徐国良等在苗圃试验样地的研究结果一致。

水平分布上，在土壤的3层中，CK样地中大型土壤动物个体数较其他处理都是最高的（表6-3）。总体来讲，氮沉降处理降低了土壤动物的个体数。从氮沉降直接影响的Ⅰ层来看，个体数为CK>T_{100}>T_{150}。徐国良等的试验结果也表明，在高浓度氮处理下土壤动物数量减少。Nken在棉地内比较了施氮和不施氮对大型土壤动物的影响，发现施氮会使土壤动物的数量下降。李淑梅等对比了不同施肥条件下农田土壤动物的群落组成，结果表明单施氮肥会导致土壤动物数量下降。这些结果进一步证明了氮沉降会导致土壤动物个体数减少。

表 6-3　氮沉降对大型土壤动物个体数的影响

h（土壤深度）/cm	CK/个	T_{50}/个	T_{100}/个	T_{150}/个
0＜h≤5 cm（Ⅰ层）	25.00a	8.00c	16.00b	12.00bc
5 cm＜h≤10 cm（Ⅱ层）	19.33a	6.67b	7.00b	16.33a
10 cm＜h≤15 cm（Ⅲ层）	21.00a	8.67c	9.33bc	12.33b

注：同一行中标不同字母者表示差异显著（$P<0.05$）。

2. 模拟氮沉降对土壤动物类群数的影响

垂直分布上，CK 及 T_{50}、T_{100}、T_{150} 4 个处理下土壤Ⅰ层的土壤动物类群数均为 3 层中的最高水平，Ⅱ层接近Ⅲ层且均小于Ⅰ层（表 6-4）。与个体数相比，类群数的最大值全部出现在各处理的Ⅰ层，并没有随氮处理浓度的变化而变化。Ⅱ层与Ⅲ层的类群数近似，Ⅱ层略大，偶尔略小于Ⅲ层（T_{100}），氮沉降对其影响并不大。徐国良等在苗圃试验样地中研究认为，类群数会和个体数同样有向土壤深层发展的相似趋势。

水平分布上，总体表现为氮沉降降低了土壤动物的类群数，但作用并不明显。Ⅰ层受到氮沉降的作用最为直接，其在类群数上表现出 CK＞T_{50}＞T_{100}＞T_{150}，即随着氮浓度的增加，土壤动物类群数减少（表 6-4），而Ⅱ层与Ⅲ层受到氮沉降的影响较小，其类群数接近，在各处理间也没有表现出相关规律。徐国良等的研究证明高浓度氮处理会导致土壤动物类群数减少，李淑梅等的调查结果也表明单施氮肥会导致土壤动物类群数下降。

表 6-4　氮沉降对大型土壤动物类群数的影响

h（土壤深度）/cm	CK/个	T_{50}/个	T_{100}/个	T_{150}/个
0＜h≤5 cm（Ⅰ层）	7.33a	6.67	6.00b	5.67bc
5 cm＜h≤10 cm（Ⅱ层）	5.00a	4.00a	4.00a	4.33a
10 cm＜h≤15 cm（Ⅲ层）	4.00a	3.00a	4.67a	3.67a

注：同一行中标不同字母者表示差异显著（$P<0.05$）。

3. 模拟氮沉降对土壤动物多样性的影响

各处理下大型土壤动物的 Shannon-Weiner 多样性指数 H'、Pielou 均匀性指

数 J 和 Simpson 优势度指数 C 变化趋势基本一致，表现为 T_{100} > T_{50} > CK > T_{150}，即从 CK、T_{50} 到 T_{100}，随着氮沉降处理浓度的增加大型土壤动物多样性增加，T_{100} 处理达到最大值，T_{150} 处理则表现出抑制作用（表 6-5）。这一结果表明，在低浓度时随着氮处理浓度的增加，大型土壤动物多样性也随之增加，表现为促进作用，但高浓度的氮处理会导致生物多样性的降低，这与在植物、微生物等方面取得的结论是一致的。Boxman 也认为，高氮沉降对土壤动物有抑制作用，但低氮沉降却能提高生物多样性。李淑梅等调查了不同施肥条件下农田土壤动物多样性，结果表明，单一施用氮肥处理下土壤动物多样性最低。徐国良等同样认为，氮沉降对土壤动物的影响可能存在阈值作用。

表 6-5　氮沉降对大型土壤动物多样性的影响

处理	H'	J	C
CK	1.503	0.605	0.632
T_{50}	1.682	0.677	0.780
T_{100}	1.800	0.682	0.817
T_{150}	1.373	0.552	0.659

4. 土壤动物多样性与温郁金及杂草地上部分鲜质量的关系

研究者对大型土壤动物多样性指数 H' 和杂草地上部分鲜质量的关系进行分析，结果表明，杂草地上部分鲜质量在 T_{50} 处理下达到最大值，土壤动物多样性指数 H' 在 T_{100} 处理下达到最大值，2 组数据呈现较好的正相关，相关系数 r_1 = 0.74（表 6-6）。此外，杂草地上部分鲜质量和温郁金质量呈较好的负相关（r_2 = -0.79）。在 T_{50} 处理下温郁金地上部分鲜质量最小，为 2.040 kg·m^{-2}，杂草地上部分鲜质量最大，为 0.398 kg·m^{-2}。这表明氮沉降影响了农作物和杂草的竞争关系，导致其地上部分生物量发生改变，进一步作用于土壤动物，成为土壤动物多样性改变的一个重要原因。农作物和杂草可能通过以下几个方面影响土壤动物对氮沉降的响应：①截留氮沉降物质，减弱其对土壤的直接作用；②消耗土壤中的氮元素，防止其过度积累；③为土壤动物提供栖息环境和食物。徐国良等的研究发现，植被对土壤动物对氮沉降的响应有一定影响。相关研究也表明，氮沉降除了直接影响土壤动物的生长和繁殖外，更多的是通过改变其生存环境，如栖息地、食物质量等方面而影响土壤动物。因此，农田土壤动物对氮沉降的响应与农作物、杂草等方面有密切关系，可能是一个更为复杂的过程。

表 6 - 6 大型土壤动物多样性与温郁金及杂草地上部分鲜质量的关系

处理	多样性指数 H'	温郁金鲜质量/ $kg \cdot m^{-2}$	杂草鲜质量/ $kg \cdot m^{-2}$	r_1	r_2
CK	1.503	2.187	0.228		
T_{50}	1.682	2.040	0.398		
T_{100}	1.800	2.739	0.274	0.740	-0.790
T_{150}	1.373	3.169	0.130		

注：r_1 为多样性指数 H' 和杂草地上部分鲜质量的相关系数；r_2 为杂草地上部分鲜质量和温郁金地上部分鲜质量的相关系数。

四、结论与讨论

研究者采用喷施硝酸铵（NH_4NO_3）模拟氮沉降的方法，分对照（CK）、低氮（T_{50}）、中氮（T_{100}）、高氮（T_{150}）4 个梯度，对温郁金农田生态系统进行氮沉降处理，5 个月后调查其田间大型土壤动物分布情况。此次调查共获得大型土壤动物 19 类 485 只，隶属于 2 门 7 纲。其中，优势类群为膜翅目和蚯蚓类，2 个类群个体数共占总捕获量的 66.60%，常见类群共 8 个，稀有类群共 9 个。氮沉降改变了土壤动物的表聚性特征，在高浓度氮处理下土壤动物向深层趋避，总体上氮沉降降低了大型土壤动物的个体数。与个体数相比，氮沉降对土壤动物类群数的垂直分布没有明显的影响，但同样减少了土壤动物的类群数。各处理下大型土壤动物的 Shannon-Weiner 多样性指数 H'、Pielou 均匀性指数 J 和 Simpson 优势度指数 C 变化趋势基本一致，这表明在低浓度时，氮沉降对大型土壤动物多样性有促进作用，而在高浓度时则表现为抑制，存在阈值作用。大型土壤动物多样性与杂草地上部分鲜质量显示出较好的正相关（$r_1 = 0.740$），而杂草地上部分鲜质量与农作物温郁金地上部分鲜质量显示较好的负相关（$r_2 = -0.790$），表明土壤动物对氮沉降的响应受到杂草和农作物的影响，可能是一个更为复杂的过程。

农作物和杂草是农田生态系统的主要植被，对土壤动物具有重要作用，可能与土壤动物对氮沉降的响应有密切关系。农作物和杂草能够直接截留氮沉降物质，减少直接进入土壤的氮沉降量。温郁金除了截留作用外，其叶形宽大、中脉凹下，在降雨时茎秆流比例较大，温郁金通过这种特殊的植株形态将雨水中的氮元素集中到植株根部，而并不是均匀进入土壤。农作物和杂草的生长需要大量的氮元素，能够消耗土壤中的氮素，从而减少因氮素积累产生的副作用。生态系统对氮沉降的响应具有阈值作用，即氮缺乏时对生态系统有促进作用，而氮饱和时表现为抑制作用。农作物和杂草对氮的消耗，能够削弱农田生态系统氮饱和的可能性。另外，农作物和杂草为土壤动物提供栖息地和食物等，农作物和杂草受到氮沉降的影响而改变，势必会影响土壤动物。

一般认为，氮沉降对土壤动物的作用可以分为两类：第一类是直接作用，即氮沉降物质直接影响土壤动物的生长和繁殖，如酸沉降物质直接接触导致土壤动物死亡；第二类是间接作用，主要通过改变土壤动物的栖息地、食物质量等间接影响土壤动物的生命活动，如土壤 pH 下降导致土壤动物无法生存，间接作用可能比直接作用更为重要。土壤动物无论是在数量上还是在多样性上都是非常巨大的，对生态系统物质和能量的储存和中转具有重要意义。但目前人们对氮沉降下的土壤动物反应了解还比较少，迫切需要进一步、深层次、大尺度的研究。

第七章 大气氮沉降对水体生态系统的影响

第一节 土-水间氮素交换与水质量

过量的氮、磷向水体迁移，对水体环境产生了许多方面的影响和危害，如过量的氮、磷向封闭或半封闭的湖泊、水库或向某些流速低于 1 m/min 的滞流型河流、河口、海湾迁移，将使湖泊、水库、河流、河口、海湾水域水体发生富营养化现象，使水体浑浊，透明度降低，导致阳光入射强度降低，溶解氧减少，大量水生生物死亡，水生生态系统和水功能受到严重阻碍和破坏。NO_3^- 和 NO_2^- 浓度过高，将影响饮用水质量并直接威胁人类健康。进入农田的氮素在其转化过程中产生的各种含氮气体如 N_2O、NO、N_2 和 NH_3 等向大气迁移，除 N_2 外，它们都能直接或间接参与温室效应，或参与大气化学反应，破坏臭氧层。

一、水体富营养化

（一）水体富营养化的定义

水体是人类赖以生存的主要自然资源之一，也是人类生态环境的重要组成部分，又是生物地球化学物质循环的储存库，对环境变化具有相当的敏感性。工农业的迅速发展和人口的急剧增长以及工业化和城市化进程的加快，极大地增加了氮、磷等营养物质向水体的排放量，加剧了水体的富营养化，使可利用的水资源进一步减少。"富营养化"不仅使水体丧失应有的功能，而且使水体生态环境质量向不利于人类的方向演变，最终会影响经济建设和社会的可持续发展。因此，水体富营养化已经成为一个世界性的问题，严重危害供水、生态环境和经济的可持续发展。

富营养化一词源于希腊文，意即"富裕"。所谓富裕的水，即指富含氮、磷等营养物质的水，因而水体富营养化主要是指水体中含有过量的有利于植物大量繁殖和生长的营养元素氮和磷。藻类等浮游水生植物在水中的生长、繁殖需要25～30种元素（如氮、磷、碳、钙、镁、锌、铁等）、维生素 B_1、维生素 B_{12} 等，其中对碳、氮、磷的需要量最大。碳素在自然界中存在量多且易于获得，而水中的氮，特别是磷的含量较少，因此磷和氮通常是水体中植物生长、繁殖的限制因子。水体富营养化是在人类活动的影响下，生物所需的氮、磷等营养物质大量进入湖泊、河口、海湾等缓流水体，引起藻类及其他浮游生物迅速繁殖，水体溶氧量下降，水质恶化，鱼类及其他生物大量死亡的现象。研究表明，当水体中硝态氮浓度为 $0.3\ mg\cdot L^{-1}$、磷浓度为 $0.02\ mg\cdot L^{-1}$ 时，就可引起藻类等浮游植物的疯狂繁殖，它们聚集成絮团状或丝带状藻华，漂浮在水面上使水体呈现红色、绿色或紫色，这种现象发生在海水中称为"赤潮"，发生在淡水中称为"水华"。赤潮不仅发生在热带、亚热带地区，也发生在温带甚至寒带地区，它一年四季均可发生，尤以高温季节居多。赤潮发生的持续时间通常为半个月，可分为前期、盛期、衰期和末期四个阶段，盛期一般为3～5天。

水体富营养化可分为天然富营养化和人为富营养化。在自然条件下，湖泊也会从贫营养状态过渡到富营养状态，不过这种自然过程非常缓慢，通常需要几千年甚至上万年，而人为排放含营养物质的工业废水和生活污水所引起的水体富营养化现象，可以在短时期内出现。目前人们判断水体富营养化指标一般采用的是：氮含量超过 $0.2～0.3\ mg\cdot L^{-1}$，磷含量大于 $0.01～0.02\ mg\cdot L^{-1}$，BOD大于 $10\ mg\cdot L^{-1}$，pH 7～9 的淡水中细菌总数超过 10 万个/L，叶绿素 a 含量大于 $10\ \mu g\cdot L^{-1}$。造成水体富营养化的主要原因是城市生活污水和工业废水的排放，含磷洗涤剂的使用及肥料和农药的过量使用等。

（二）水体富营养化的危害

1. 产生毒素

水体富营养化产生的毒素会直接毒死水中生物，并随食物链转移引起人类中毒或死亡。水体富营养化导致水体缺氧或造成水体硫化氢、甲烷浓度升高，使水生生物缺氧或中毒而死。大量藻类死亡后被水中异氧菌分解，产生 H_2S 等有毒物质，这些有毒物质会造成鱼类中毒死亡，从而破坏渔业资源。富营养化的水体中常常有大量的细菌、病毒，如斑疹伤寒病毒、肝炎病毒、痢疾杆菌等，其杆菌数量可高达 $5\times10^4～5\times10^8$ 个 $\cdot L^{-1}$。细菌不但能进入水生动物体内直接危害其生长发育，同时能通过食物链关系而间接危害陆地生物包括人类的健康，引起传染病的蔓延。

2. 产生臭味，并难以去除

大量藻类腐败后常使水体浑浊带有恶臭，产生有毒物质和难闻的臭气，给附近居民和旅游者造成心理和生理上的危害。

3. 水体变黑

藻类的大量繁殖使耗氧量增加，水体溶解氧浓度降低，色度、浑浊度增加，透明度下降，大量藻类死亡腐烂使水体呈黑色，既影响美观也影响生命活动。

4. 水体失去自净能力

水体一经富营养化，其危害是长期的。营养物质能被水生植物吸收利用，水生植物死亡腐烂后，又重新转化为营养物质，可供活的水生植物再利用，这样周而复始，长期循环，即使切断外界营养物质污染源，也无法使水体自净。

5. 破坏水体的生态平衡

正常情况下，水体中各种生物都处于相对平衡的状态。一旦水体受到污染而呈现富营养化，水体的这种正常的生态平衡就会被破坏，导致水生生物的稳定性和多样性降低。

6. 导致质量性的水资源短缺

富营养化的水体中氧气被大量消耗，导致大量藻类和鱼类因缺氧而窒息死亡，产生的各种毒素使水体有毒，人畜无法饮用，这样的水体也不能作为工业原料，从而导致质量性的水资源短缺。

二、氮素迁移与水体环境

（一）氮素迁移与水体富营养化

氮、磷是水体富营养化最重要的营养因子，当水体中氮、磷达到一定浓度时，就可能出现"藻华"现象，在河口、海湾则出现赤潮。我国五大淡水湖中，富营养化已呈发展态势，其中太湖、洪泽湖、巢湖已达富营养化程度，鄱阳湖、洞庭湖目前虽维持中营养水平，但磷、氮含量偏高，正处于向富营养化过渡阶段。

湖泊富营养化的主要原因是过量氮、磷营养盐向其中迁移，其来源不外乎工业废水、生活污水、农田径流和水产养殖投入的饵料。随着农业的发展，投入到农田中的氮、磷肥料将进一步增加，从农田迁移到水体的数量也随之增加。

中国水体富营养化的面积正在逐年增加。根据对全国 25 个湖泊的调查，水体全氮均超过了富营养化指标，某些特征性藻类（主要是蓝藻、绿藻等）的异常增殖，致使水体透明度下降，溶解氧降低，严重地影响了水生生物的生存环境。

以太湖为例，进入湖中的污染物 32% 来自农田排水，通过农田输入湖泊的氮量占输入湖泊全氮量的 7%～35%。

有关资料显示，全世界施用于土壤的肥料有 30%～50% 最后进入了地下水，地下水的硝态氮污染与施肥量呈线性关系。化肥施用量过高的农区出现了严重的地下水硝态氮含量超标，这给我国许多城市居民饮用水安全造成了一定程度的威胁。

（二）氮素迁移与饮用水质量

自 20 世纪 70 年代以来，地表水和地下水特别是地下水 NO_3^- 浓度的增加，引起了很多国家的注意，许多研究结果表明，地表水和地下水硝态氮浓度的增大都与农田氮肥使用量的增加有关。

人体摄入的硝酸盐 80% 左右来自蔬菜，蔬菜中硝酸盐的含量水平直接关系着人体硝酸盐的摄入量。很多研究表明，蔬菜中硝酸盐的含量与化学氮肥的使用量呈线性关系。近年来，大棚蔬菜生产比例日益增大，而大棚蔬菜生产所使用的氮肥远远高于大田蔬菜，大棚中土壤硝态氮的含量也远远高于大田蔬菜土壤中的硝态氮，因此蔬菜中硝酸盐浓度的增加是一个值得关注的问题。

饮用水和食品中过量的硝酸盐会导致高铁血红蛋白症。婴儿胃的血液成分比成年人更有利于生成高铁血红蛋白，婴儿患此症的危险性要大得多，其死亡率可达 8%～52%。同时饮用水中的硝酸盐还有致癌的危险。对恶性肿瘤的流行病等调查表明，胃癌与环境中硝酸盐水平以及饮用水和蔬菜中硝酸盐的摄入量呈正相关。也有调查表明，肝癌的死亡率与地区土壤中硝酸盐含量呈正相关。鉴于硝态氮对人体的严重危害，世界卫生组织颁布的饮用水质标准中规定：NO_3^--N 的最大允许浓度为 10 mg/L。

三、水土流失与氮素迁移

（一）水土流失是我国最大的环境问题

水土流失是一种自然现象，黄土高原严重的土壤侵蚀既形成了"七梁八沟一面坡"支离破碎的地形地貌，又形成了一马平川的华北平原。水土流失不仅导致肥沃表土的损失，促使土壤肥力质量的退化和土地生产力的下降，而且其携带的泥沙在中下游淤积使河道、湖泊、水库的底床抬高，减少库容，污染水质。黄土高原土壤侵蚀模数大于 5000 $t \cdot km^{-2} \cdot a^{-1}$ 的面积有 14.5×10^4 km^2，属严重侵蚀的地区。黄河年输沙量达 16 亿吨，长江流域的情况比黄河流域的情况稍好。根据估算，即使在坡降很小的太湖流域，每年水土流失的泥沙也可把该地区整个水域的底床淤高 2.52 cm。数量巨大的水土流失不仅仅是土壤固体颗粒和肥力的损失问题，其所携带的氮、磷等营养物质对淤积地区的水体富营养化、环境保护、洪涝灾害的防治构成很大威胁。因此，水土流失的机理、过程和防治的研究不仅服务于土壤肥力建设和土地生产力的恢复，也为环境保护、生态安全和持续发展提供依据。

（二）侵蚀径流引起的土壤和氮的流失

1. 侵蚀机理

降水或风的动能到达土壤表面，可破坏土壤团聚体的结构，推动土壤颗粒移动；土壤颗粒与土体发生分离后随径流或气流移动，便发生土壤侵蚀（水蚀和风蚀）。本节涉及的是土—水间的氮素物质的迁移，因而只探讨由降水推动的土壤氮和颗粒物的流失及其对土壤和水体质量的影响。影响土壤水蚀（水土流失）的因素有气候、土壤类型、地形和土地利用方式。土壤侵蚀量取决于降水产生侵蚀的能力和土壤抗侵蚀的能力。

降雨动能的大小取决于雨滴的质量和速度。因此，地面植被和人工覆盖物都能减缓降水对土壤的冲击。土壤本身对侵蚀的敏感性与土壤类型、地形和部位有关。与侵蚀有关的土壤类型属性主要是土壤的质地。质地粗、团聚体结构好的土壤渗透性能也好，可减少径流量。土壤板结和有机质含量低会降低土壤的渗透作用，从而增加径流量。地面起伏的山区丘陵较地势平坦的平原容易发生径流，而且坡度大的部位比坡度小的部位径流的破坏作用强。

暴雨通常能产生较强烈的土壤侵蚀。雨滴的作用是破坏土壤团聚体的结构，将土壤颗粒剥离出土体，进而又会将土壤表面封合，使渗漏量减少、径流量增加。植被覆盖和人工覆盖物可以减小雨滴的动量，既可减小雨滴的冲击力，又能防止土壤表面的封合，增加渗漏量，减少径流量。通常雨滴喷溅直接造成土壤颗粒迁移的距离很短，而土壤颗粒随径流的运动才是土壤颗粒迁移的主要方式。旱坡地的土壤颗粒损失量大部分是由不易被观察到坡面流的面蚀所产生的。坡面流能携带的悬浮物数量与流速成正比。降低流速的措施有合理灌溉、种植绿肥、人工覆盖、平整土地、合理耕作等。土壤颗粒可经过农田中大量的人工小沟和排水系统带入地面水中。耕作方式改良（如免耕和表面覆盖）在一定程度上降低了土壤侵蚀，因而使悬浮态损失的比例减少了，但溶解态损失的比例却可能增加了。

2. 土地利用方式

土地利用类型深刻地影响着径流过程及氮素的流失。研究者采用野外实验地人工模拟降雨方法，对某地不同土地利用类型的土壤氮素径流流失的研究结果表明，径流产生后各种土地利用类型的径流量均在增加。开始时入渗量大，径流量小，随后达到稳定的入渗率，径流率达到最大值，直到降雨过程结束。各种土地利用类型的产流时间、径流增长率、积累径流量和氮素流失过程均有明显差异。稻田是特殊的利用方式，其产流过程与旱地（如菜地）有很大区别。旱地土壤中，菜地翻耕的频率最大，有机肥用量最多，因此土壤疏松，降水的入渗率高，所以产流时间较长，而且菜地土壤疏松、土层深厚，因而积累径流量和最大稳定径流量在各类旱地中最小，而下渗量最大。稻田土壤的湿度大，土壤容易达到饱和，土体又比较紧实，故下渗的水量不多；稻田有田埂的阻挡，因此只有当田面的积水超过田埂时，才会发生径流。稻田产流时间较长，在同样降雨量和降雨强度下，积累径流量及最大稳定径流量都比其他利用方式小；同时由于稻田田面有水层的保护，雨滴不直接冲击土壤，因此外溢径流所携带的悬浮颗粒较少。

第二节　氮污染及其对水质量的影响

氮在环境中的普遍性和生命必需功能，使氮很容易在各种生态系统生物的和非生物的组成间迁移，对水圈、大气圈和岩石圈产生影响。环境中过量存在的氮已经成为一个世界普遍关注的环境问题。酸雨、鱼类死亡、藻类暴发、水体缺氧、自然森林系统氮饱和、全球变暖和气候变化等大范围的环境问题都与环境中过量存在的氮有关。一方面，强度越来越大的集约化土地利用，如过量施肥、动植物废弃物污染、城市生活污水排放、工业污染等不断地产生出大量的氮；另一方面，防止氮素污染的工作并没有受到社会和经济领域的重视。我们虽然对氮素在生态环境中的行为进行了许多年的调查和研究，但对氮的物理、化学和生物学行为的全面认识尚处于起始阶段。例如，许多研究表明，大量氮输入对环境会产生严重的不良影响，但关于长期的、慢性的、稳定的低剂量氮输入对生态系统的影响，人们仍然知之甚少。生态系统中植物、土壤动物、土壤微生物等生物因素和水热条件等环境因素的变化都会影响氮素的利用效率，从而影响氮素的损失，在氮循环系统中产生正反馈循环，可能会形成有利于土壤硝酸盐不断增加的条件和加剧氮素对环境的影响。目前，人们还没有足够的知识确切地预测这种变化的后果，而且与氮有关的环境问题越来越普遍，越来越频繁，越来越严重。此外，随着人口的增长和人们生活水平的提高，将会有更多的活性氮通过施肥进入氮循环之中。因此，我们需要更深入细致地研究氮素在环境中的迁移转化及其对环境和人体健康的影响。

水体富营养化是我国目前存在的最突出、最严重、最普遍的水环境问题。近年来，控制水体富营养化工作的重点放在了控制磷负荷上，例如，在太湖地区实施了禁止使用含磷洗衣粉和工业污水零排放或达标排放等禁磷措施，但是控制水体富营养化的努力收效甚微，太湖水质总体上未见明显好转。许多人将湖泊富营养化归因于人口增长、污水处理设施建设不足和农业非点源排放管理不善等，因此，目前人们又将控制的重点放在农业非点源污染和城市生活污水上，但是进展也很小。

经常被广泛引用的一般观点是：氮是海洋环境中藻类植物生长的限制性养分因子，而磷是淡水水体中植物生长的限制性养分因子，氮和磷均可能是沿岸海水和港湾中的限制性养分因子。但是，这个观点正在受到越来越多证据的挑战。研究者对北美湖泊限制性养分的研究表明，氮对藻类植物生长的限制作用比人们预期的更为普遍。20 世纪 70 年代，美国环境保护署的分析表明，在美国，磷限制的湖泊约占 72％，氮限制的湖泊只占 16％。后来的分析表明，磷限制和氮限制的湖泊数目相当，分别为 47％和 40％。从两种不同的数据得出的结论是不同的，前者是基于对实验室条件下藻类生长的分析，发现藻类生长对磷的需求格外高，而后者是基于野外原位条件下对自然藻类生长的分析。如果氮限制的普遍性比以前预期得高，那么湖泊生物量变化的概念就要被修正，防止湖泊富营养化的管理措施就要被重新评估。

问题的关键是如何正确评估湖泊蓝细菌的生物固氮作用对湖泊氮的贡献。一些研究者认为，由于大气氮的大量存在，由藻类生物固氮作用带进湖泊的氮被认为是无限的，生物固氮作用不停地进行，因此减少氮排放负荷被认为对控制湖泊富营养化没有作用，甚至会起到相反的作用。另一些研究者则认为，虽然"湖泊蓝细菌生物的固氮作用使湖泊不缺氮"这个假说已经被广泛引用，并已经给湖泊和流域管理带来了很大的影响，但是这一假说还没有被完全证明。固氮作用受光的影响，我们只有对光强的变化及其对固氮作用速率的影响进行准确评估，才能弄清整个湖泊的固氮速率。固氮蓝细菌会随风飘移，我们只有在野外进行大规模采样才能较准确地评估蓝细菌的空间分布，才能弄清整个湖泊的固氮量。研究表明，即使在固氮速率很高的湖泊中也不能确认磷是限制因子，反而有许多征兆表明氮是限制因子。在这些湖泊中，蓝细菌的固氮速率虽然较高，但固氮量在很大程度上受光和其他环境因子的限制。目前，人们还不十分了解启动蓝细菌固氮作用的环境条件。有野外研究表明，在爱沙尼亚的一个大型浅水湖泊中，蓝细菌固氮开始时水中的 N/P 高于 20，实验围隔条件下与湖泊自然状态下的结果相差很大，这比以前在实验条件下获得的 N/P（约为 7）高得多。很显然，我们只有进一步深入研究湖泊富营养化过程中固氮生物所起的作用和浮游植物对无机氮的需求与获取方式，才能弄清固氮作用和无机氮输入对湖泊系统的影响。对于水生植物而言，无机氮（如 NO_3^-、NO_2^- 和 NH_4^+）和简单的有机氮（如尿素）是最有效的氮养分，其中 NO_3^- 是最普遍的形态，NH_4^+ 是最易被同化的形态。

第三节　大气氮沉降对水体氮负荷的贡献

大气氮沉降是全球氮循环的重要过程，过量的氮沉降会引起一系列生态环境效应，严重影响陆地及水生生态系统的生产力和生物多样性，进而危害人体健康。将大气氮沉降视作水体重要污染源的观点在国外早已被提出。

一、大气氮沉降对水体氮负荷贡献的研究概况

19 世纪 60 年代，大气干湿沉降的氮量还很少，在全球范围形成的286.0 Tg/a 活化氮中以 NH_x 形式重新沉降到陆地与海洋生态系统的也仅为31.6 Tg/a。而到了 20 世纪 90 年代中期，氮沉降总量已达 103 Tg/a，预计到2050 年全球的氮沉降量将达到 195 Tg/a。Winchester 等对北佛罗里达 12 处水域氮源的研究表明，大气氮沉降是其主要的氮源。Boyer 等的研究指出，在美国东北部地区，大气氮沉降是继农业源之后向流域输送氮量的第二大氮源。Noreen等对佛罗里达州 Tampa 湾河口区氮沉降的研究表明，湿沉降对总沉降的贡献率为 56%。David 等对北卡罗来纳州 Neuse 河口地区湿沉降的研究发现，该区的氮沉降占河口外源氮输入量的 50%。Gao 等对美国新泽西州进行了为期 4 年的水域氮源研究，发现大气氮的干、湿沉降是其主要的氮源，河水中总溶解氮通量与大气沉降中 NH_4^+、NO_3^- 的通量相近；湿沉降的峰值出现在夏季，具有明显的季节性，而干沉降的峰值出现在冬季，并没有明显的季节变化规律。总体来看，大气氮湿沉降是湖泊、河流水体氮的重要输入源。

近年来，大气氮沉降对水体氮负荷的贡献在我国也受到了关注。大气氮沉降作为流域非点源污染的一个重要来源，其沉降的过程和机制还有待进一步研究。目前，大气氮沉降对水体氮负荷的贡献研究主要集中在实际监测和模型模拟两方面，而模型模拟通过不断改进和发展已比较成熟。在太湖地区，宋玉芝等通过实际监测发现，大气氮素干湿沉降量已成为该地区农田自然供氮和水体氮负荷的重要来源。

不同国家或地区大气氮沉降对水体氮负荷贡献的估算见表 7 - 1。

表 7 - 1   不同国家或地区大气氮沉降对水体氮负荷贡献的估算

国家或地区	研究期	研究方法	对水体氮负荷的贡献
长江口	2004—2005 年	实测	大气沉降的 NH_4^+ 是水体总无机氮的主要贡献者，占 70.9%
大亚湾	2008 年 8 月至 2009 年 7 月	实测	大气沉降的氮输入与河流输入氮的比为 1.00：1.89
波罗的海	1996 年	实测和模型模拟	大气氮沉降入海量占该海区氮总输入量的 21%
地中海	1994 年	实测和模型模拟	51% 的水体氮来自大气沉降
美国东部海岸河口、墨西哥东部海湾	——————	文献整理	大气氮沉降量占水体氮负荷的 10%~40%

二、太湖地区大气氮沉降对水体氮负荷贡献的研究

2011 年，中国科学院南京土壤研究所颜晓元课题组在太湖地区的研究就发现，大气氮沉降对该地区水体氮污染的贡献仅次于农田氮肥流失。然而目前大气氮沉降通量的研究多关注湿沉降，干沉降数据缺乏，导致评估氮沉降的生态环境效应存在极大的不确定性。针对这一问题，2017 年颜晓元课题组采用智能降水采样器和智能综合大气采样器首次对太湖地区大气氮干湿沉降进行了周年观测并评估了其对水环境的影响。研究结果显示，该地区大气氮干湿沉降占氮沉降总量的 54.5%，在考虑氮干沉降的基础上，总氮沉降对太湖水体氮负荷的贡献为 33.3%。大量的氮直接沉降到水体，是造成太湖水体富营养化的重要原因。

课题组进一步研究还发现，氮沉降中 NH_x-N（雨水和颗粒物中的NH_4^+-N及气态NH_3-N）占主导地位，如图 7 - 1 所示。因此，明确氮沉降，特别是 NH_x-N沉降来源并确定其贡献，对减缓环境污染十分重要。基于此，该课题组利用氮同位素自然丰度的方法，建立了干湿沉降中 NH_x-N 及主要氨排放源的同位素自然丰度特征数据库，并利用同位素源解析模型确定了太湖地区大气 NH_x-N 沉降的来源，发现了农田施肥和禽畜养殖排放的氨对该地区 NH_x-N 沉降的贡献超过了60%。因此，筛选减缓这些 NH_3 排放的措施并评估其减排效果，对于区域环境治理、农业可持续发展和空气污染防控有极其重要的研究意义。课题组进一步利

用数据荟萃分析的方法，全面分析了全球农田和禽畜养殖系统主要的减排措施及其减排潜力，指出农业源氨具有极大的减排空间，合适的减排措施在特定的环节可以将氨排放降低 80％。

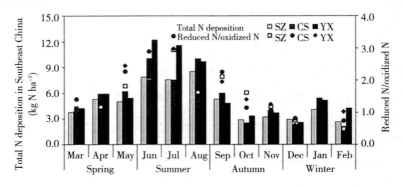

图 7 - 1　太湖地区大气氮沉降以 NH_x-N 沉降为主

第四节　酸雨、水体酸化对水生生物的影响

空气中的 SO_2 和 NO_x 在大气中经过复杂的化学反应，形成硫酸和硝酸等酸性化合物，以雨、雪等形式降到地面，形成酸雨。酸雨能使水体酸化，影响鱼类及其他水生生物的生长。现在全球有许多湖泊、河流，由于落入大量酸雨，水中酸的含量急剧增加，既杀死了鱼类，又殃及了四周的植物。每年全球有近百万公顷的树木死亡，大批茂盛的热带雨林逐渐枯萎。酸雨还腐蚀建筑物。酸雨和飘浮在空中的酸雾对人体的危害也相当大，它们能刺激人的呼吸道和眼黏膜，使人患病甚至死亡。

一、酸雨对水环境的影响

酸雨对水环境的影响表现为使河流和湖泊酸化。造成河流和湖泊酸化的机理是很复杂的，它与降雨量及雨水的 pH 直接相关，也与其汇水区的大小及周围土壤、岩石、地形地貌、陆生植被相关，与湖泊自身的缓冲能力，即碱性大小相关。

酸雨在湖泊酸化过程中与介质的反应主要有以下 3 种：

A. 岩石和矿物的溶解

$$Al(OH)_3 + 3H^+ \Longrightarrow Al^{3+} + 3H_2O$$

B. 阳离子交换

$$Al(OH)_4^- + 2H^+ \Longrightarrow Al(OH)_2^+ + 2H_2O$$

$$Ca^{2+}\text{-有机物} + 2H^+ \Longrightarrow 2H^+\text{-有机物} + Ca^{2+}$$

C. 碱性降低

$$HCO_3^- + H^+ \Longrightarrow H_2CO_3$$

$$H_2PO_4^- + H^+ \Longrightarrow H_3PO_4$$

反应 A、B 主要适于土壤,反应 C 主要适于表层水。

酸化的初期,水的 pH 下降非常缓慢,水中的金属水平也很低,酸化现象不易被人们所察觉,但是,一旦缓冲能力消失,水的 pH 就会迅速下降,对于湖泊酸化的这种过程有人称之为"滴定曲线"。湖泊中水的 pH 由原来的 6~8 下降 1~2 个单位大约需要 10 年以上的时间,对美国缅因州的 1368 个湖泊及挪威、瑞典一些湖泊 pH 的分析表明,大部分湖泊的酸化时间在 10~40 年之间。

酸雨对水环境的影响,不仅降低了水的 pH,也使水体可溶性金属(Al、Fe、Mn、Cu、Zn、Ca、Mg 等)水平提高。有人研究美国阿弟伦达克山区中 217 个湖泊 pH 与 Al 的浓度之间的关系指出,pH 在 4~5 时,Al 浓度约为 500 $\mu g/L$,是中性水体中 Al 浓度的一倍左右。

二、水体酸化对水生生物的生态效应

酸性降水引起的天然水体酸化改变了水体 pH 及水体水化学状况,其对各种水生生物类群影响取决于介质 pH 的降低程度、离子及难降解物的毒性等。研究表明,水体 pH 降低可改变微生物的组成和代谢活性、毒害藻类、水生维管植物、软体动物、鱼和两栖动物等,从酸化的湖泊或溪流摄取食物和水的鸟类和哺乳动物可能也会遭受食物短缺和有毒金属的危害。

(一) 水体酸化对微生物和藻类的影响

大部分微生物生活在中性或微偏酸、偏碱的环境中,pH 对微生物生命活动的影响主要有以下三方面:①引起细胞膜电荷的变化,从而影响微生物对营养物质的吸收;②影响微生物代谢过程中酶的活性;③改变水环境中营养物质的可利用性及有害物质的毒性。在 pH 变化的情况下,微生物虽然能通过合成一定的氨基酸脱羧酶或氨基酸脱氨酶,催化部分氨基酸分解生成有机氨或有机酸,暂时缓冲一下体内 pH 的变化,但持续较低的 pH 将使微生物的生长受到抑制,甚至引起机体死亡。各种微生物的最适 pH 不同,水体酸化后的微生物以霉菌占优势,真菌在沉积物中数量增加，即酸化水体中，细菌通常被真菌所取代。

藻类是水生生态系统的生产者。水体的酸化对藻类生长繁殖的影响很大，主要表现为藻类生长潜力减弱，其原因之一是水体酸化大大降低了磷的生物有效性，从而导致淡水贫营养化。同时藻类的细胞密度、生化成分含量、叶绿素含量、细胞生理状态都发生变化，甚至连 DNA、ATP 也受影响。在 pH 4.5 时，藻类细胞的细胞壁增厚，出现细胞老化现象。

（二）水体酸化对浮游动物和软体动物的影响

浮游动物对水体酸化的反应非常明显，低 pH 对浮游动物有毒性效应，其机理可能是在低 pH 胁迫下，浮游动物的膜通透性增大，心肌肿胀，血红蛋白迅速凋谢，Na^+ 和 Cl^- 出现净流失等，使其存活率、繁殖、离子调控、呼吸、心率、生长及食物都受到影响，导致浮游动物种类和密度逐渐减小。

腹足纲等软体动物的消失说明了湖泊的酸化对软体动物的影响。在斯堪的纳维亚湖群，pH 为 4.4～5.2 之间的湖泊中没有发现腹足纲动物，这是因为软体动物的耐受性、存活、生长及繁殖均受湖泊酸化的影响。软体动物在其贝壳形成过程中需要大量碳酸钙、磷酸钙及碳酸镁，湖泊酸化使 Ca^{2+}、Mg^{2+} 大量流失，导致其对钙的同化作用受到影响。同时细菌活动减弱，有机物未经分解便沉于湖底，水质趋向贫营养化，致使软体动物的贝壳变薄，$CaCO_3$ 构成粗糙，易被破坏，软体动物产卵量的变化更敏感。另外，低 pH 时，藻类密度下降导致饵料不足也是影响软体动物发育的原因之一。

（三）水体酸化对鱼类的影响

在酸性水体中，低 pH 毒性的靶器官之一是感觉器官，如味觉和嗅觉器官。与生物活动相关的化学信号可能在酸性水体中被掩饰或抵消，或这些器官的结构和生理功能直接受到破坏，干扰了与化学感受器相联系的规避和逃亡反应，群体交流出现障碍，寻找食物的能力下降，使其生存能力减弱。

低 pH 对鱼类的生理损害主要表现为：（1）阻碍鳃的气体交换和血氧运输；（2）导致渗透压调节机制失调；（3）血酸离子调节机制的丧失及血液酸碱平衡紊乱。研究表明，鳃受酸化水体刺激导致鳃组织损伤，鳃小片弯曲并黏合，鳃上皮肿胀、渗血，鳃上皮细胞肥大、增生，黏液大量分泌，而这些均可导致鳃部的血氧交换困难。而鳃表面微环境的 pH 比水中的 pH 高也会导致氧摄取的减少，因此组织缺氧可能是极端 pH 下鱼死亡的主要原因之一。酸性水体中的 H^+ 对鳃有高渗透性，它通过鳃上皮大量进入体液，改变血液的化学组成，使血球比容升高，体内水分在细胞内外重新分配，血液黏滞性增大。同时低 pH 对鳃 Na^+/H^+

和 Cl^- / HCO_3^- 对应离子交换机能产生干扰，随着 pH 下降，Na^+ 损失增多，在 pH 4.0 时，Na^+ 流出量比正常的约高 10 倍，体液 CT 的损失，至少在 pH 4.0 时与 Na^+ 一样严重。离子的耗尽使血液的黏度明显增大，从而导致循环崩溃，这也是鱼死亡的原因之一。

鱼在低 pH 胁迫下肾间组织增生肥大，细胞核径增加，血浆甲状腺激素和三磺甲状腺原氨酸的比率增大，血浆中的皮质醇也增高，它刺激鳃上皮细胞增殖与分化。皮质醇在机体抵抗酸性水时起重要作用，但长期较高浓度的皮质醇对免疫系统有负面影响，这种生理压力和免疫能力的降低可能会导致鱼的高死亡率。低 pH 亦影响鱼的繁殖和生长，使鱼的产卵量下降，受精卵因离子调节机制发育尚不完全或被破坏而死亡，其孵化成功率也因低 pH 导致的孵化酶合成及活性的降低而降低。幼鱼的体长也与水体 pH 有明显的相关性，其原因是低 pH 抑制了胚胎的离子主动吸收，使其新陈代谢变慢，卵黄转变为结构物质的比例减小，许多营养物质被用于克服低 pH 压力所需的能量上，胚胎活动减弱致使胚胎生长缓慢，不能有效破膜而出，且畸形率较高。

（四）水体酸化对水禽类的影响

淡水酸化对河流和湖泊中生存的禽类具有副作用。在酸化水体中，昆虫较多，几乎没有鱼，这种环境适于雏鸟的生长，但对大型水禽类，如秋沙鸭的成体来说，其食物是不够的。而且在酸性栖息地，水禽食物中重金属含量很高，而钙含量较低，影响了卵壳的形成，钙和磷的同化吸收和骨骼的矿物化，破坏了其繁殖过程，使其繁殖成功率远低于高 pH 栖息地。

三、酸化水体对水生生物代谢的影响

酸化水体诱导水生生物的应激反应改变，酸化水体对水生生物的代谢影响非常复杂。

（一）酸化水体影响水生生物的呼吸代谢

酸雨使水体 pH 下降，水生生物组织液的 pH 下降，使其面临环境和细胞外液 pH 下降的双重影响，以致胞内外酸中毒，扰乱水生生物的酸碱平衡和呼吸代谢。水体 pH 每下降 0.25 个单位，溶氧量减少 50%，这令很多水生生物面临内外酸碱失衡和低溶氧胁迫的双重压力。在酸化水体中，鱼体内水分重新分配，血球比容升高，血液黏滞性增大，血红蛋白在红细胞内聚合、沉降，与氧结合力下降而影响氧的运输和供应，即使水中不缺氧，鱼类也会缺氧。酸性溶出的重金属也会危害鱼类的呼吸代谢。酸化水体刺激鱼类鳃部黏液增加，鳃小片弯曲并黏合，鳃上皮肿胀和细胞肥大，影响血氧交换，减慢机体呼吸速率，甚至导致鱼类窒息而死。

酸化水体使水生生物细胞外液 H^+ 含量增加，引起以血浆 HCO_3^- 降低为特征的酸碱平衡紊乱，血浆中过量 H^+ 立即与 HCO_3^- 和非 HCO_3^- 结合来缓冲碱，如 H^+ 与 Na_2HPO_4 结合而被缓冲，使 HCO_3^- 不断消耗，即 $HCO_3^- + H^+ \rightarrow H_2CO_3 \rightarrow CO_2 + H_2O$，导致血浆二氧化碳分压升高。酸化水体损伤鱼类等鳃组织的同时，使通气发生障碍，机体内潴留了大量 CO_2，引发呼吸性酸中毒，导致鱼类患高碳酸血症。pH 下降使鱼类体液中的碳酸增加，高碳酸血症也是鱼类生存的威胁因素，可致鱼类死亡。低 pH 的体液降低了血红蛋白的稳定性，降低了血红蛋白对氧的亲和力及运载能力，促进红细胞释放 O_2，降低 O_2 的吸收率。在 pH 为 6.5 时，养殖 7 d 的大西洋鳕的氧合血红蛋白含量比 pH 为 7.4 时降低 34.5%，而脱氧血红蛋白含量却提高了 213.8%，高铁血红蛋白含量提高了 3 倍，O_2 吸收率降低阻碍了氧化过程，酸性代谢产物增多，并引发代谢性酸中毒。

（二）酸化水体影响水生生物的离子代谢

酸化水体导致血液离子和渗透压调节机制失调。酸化环境严重影响了生态系统中 Ca^{2+} 的平衡。在陆地生态系统中，由于酸雨淋溶，大量生物可利用的 Ca^{2+} 从生态系统中流失，动植物无法获得充足的 Ca^{2+}。低 pH 显著抑制鲑科鱼类主动吸收 Na^+，而刺激其大量排放 Na^+。加拿大安大略省一赤眼鳟孵化场融雪带进酸性物质，水的 pH 降至 4，赤眼鳟血浆中迅速失去 Na^+ 和 Cl^-，28 h 后死亡，而水中的 Al^{3+} 含量由 4.2 $\mu g/L$ 增至 222 $\mu g/L$，这是酸化水体导致孵化场土中 Al^{3+} 释放所致。在酸化水体中，过量 H^+ 和活性 Al^{3+} 是水生生物致毒的两个主要因素，它们对鱼的毒性作用方式非常接近，都能引起鱼体盐调节功能紊乱，酸碱平衡失调，导致气体交换率及抗病力下降，其中，破坏鱼体盐调节功能是最重要的致死原因。

游离钙离子作为第二信使，在维持机体的正常生理功能中发挥重要作用。pH 影响游离钙离子与结合钙之间的相互转变，胞外高含量 H^+ 使体内外电位平衡移动，抑制游离钙离子从体外到体内的主动运输，而胞内 H^+ 含量升高则影响胞内 Ca^{2+} 感受器的调节作用，降低 Ca^{2+} 通道和转运蛋白活性。例如，斑马鱼在 pH 4.0 环境下生活 48 h，Ca^{2+} 流入通量比对照组（pH 7.6）降低 75%，而外向通量却提高 67%。在 pH 6.7 环境下养殖 30 d 的长牡蛎 Ca^{2+} 量比对照组（pH 8.1）降低 1 mmol。

游离钙离子能稳定细胞膜电位，且能抑制神经肌肉的应激性。严重酸中毒时，H^+ 与 Ca^{2+} 竞争，影响心肌细胞的正常运动，使肌肉收缩无力，心律失常，极大地降低了心的供血能力。代谢性酸中毒时，影响 H^+/K^+ 交换，胞外液大量 H^+ 进入胞内，胞内液的 K^+ 转移到胞外液，阻滞心脏传导、心室纤颤甚至导致心脏停搏。Ca^{2+} 的严重失调还会激活核酸内切酶，使 DNA 断裂和染色体凝固。酸化还会影响一些甲壳类动物的钙化率，不利于甲壳类动物正常生长发育。

低 pH 还会导致 Ca^{2+} 浸出，提高细胞膜的离子通透性，破坏细胞间的离子动态平衡，因此，增加 Ca^{2+} 可以缓解酸性水体中鱼类多种离子的流失。酸雨降低了水环境的 pH，使机体酸碱失衡。水生动物可利用体内无机盐缓冲体系及大分子转运蛋白等缓解逆境引发的种种不利影响，这主要通过能量依赖性交换体主动调节离子平衡，而这种高效的交换需要大量三磷酸腺苷来维持，促使机体重新分配能量以暂时应对逆境胁迫。如长期酸胁迫会显著降低鲤鱼鳃组织 Na^+-三磷酸腺苷酶、K^+-三磷酸腺苷酶活性。在 pH 5.0～5.4 环境下 6 d，大西洋鲑 Na^+-三磷酸腺苷酶活性比 pH 6.3～6.6 环境下降低了 45%～54%。在 pH 5.15 环境下 7 d，拉利毛足鲈鳃弓 Na^+/K^+-三磷酸腺苷酶活力是对照组（pH 6.83）的 1/2。

水体中 H^+ 水平上升直接破坏 Cl^-/HCO_3^- 交换体和其他 Cl^- 转运蛋白的结构或功能。酸暴露会抑制鱼类对 Cl^- 的吸收，降低血浆中的 Cl^- 水平。如果鱼类血浆离子水平严重下降，会促进血管腔隙液体流失，降低血浆体积，提升血液黏度，最后鱼类因心血管衰竭而死亡。

酸胁迫影响机体离子转运。水环境中的 Na^+ 主要通过 Na^+/H^+ 交换体系进入鱼鳃上皮细胞，胞内代谢产生的 H^+ 也通过此交换体系排出体外。当外界 H^+ 含量过高时，Na^+ 吸收能力下降。低 pH 干扰鱼鳃离子交换机能，在 pH 4.0 时，Na^+ 流出量比正常值高约 10 倍，体液中 Cl^- 的损失与 Na^+ 一样严重。在 pH 3.6 时，大麻哈鱼的 Na^+ 吸收率比对照组（pH 5.9）降低了 427.5 nmol/（g·h）。

（三）酸化水体影响水生生物的能量代谢

水体 pH 变化不仅影响水中氮、磷的转化，还影响水生生物代谢、生长和存活等。长时间低 pH 胁迫导致鱼体代谢水平下降，糖原分解和糖异生速率降低，肝糖原得不到及时补充而含量持续减少，乳酸含量增加。有报道显示，长期低 pH 胁迫导致肝细胞酸中毒及线粒体能量代谢能力下降，破坏氧化磷酸化偶联，影响三磷酸腺苷的合成与释放。水产养殖动物能安全生活的 pH 范围为 6.5～9.0，最适 pH 为 7.0～8.5，如水体 pH<5.5，鱼类对传染病特别敏感，即使水中并不缺氧，也会因呼吸代谢困难而降低消化率和营养代谢，导致生长缓慢。如超出鱼类耐受的 pH 范围，即使是短期效应，也会导致鱼类的生理机能异常，甚至死亡。

代谢抑制是一种有时限的适应策略，以延长水生生物在不利环境中的存活时间。在极端环境下，有机体可能进入新陈代谢抑制状态以节约能量消耗，尽可能延长存活时间以待环境好转。酸中毒降低了腺苷酸与 Mg^{2+} 结合的复合体浓度，抑制 Mg^{2+} 催化三磷酸腺苷水解为二磷酸腺苷，影响能量代谢等生理过程。水生生物氧化磷酸化受 pH 影响，花纹南极鱼在 pH 7.5 环境下养殖 36 d 后，其基本代谢能力降低为对照组（pH 7.9）的 1/2。

鱼类糖代谢主要涉及糖酵解、糖异生、三羧酸循环、磷酸戊糖途径、糖原合成和降解等过程。酸雨降低水环境的 pH，酸化水体显著影响水生生物糖代谢中关键代谢酶的活性。花纹南极鱼在 pH 7.4 环境下养殖 5 周，心肌柠檬酸合成酶的活性比对照组（pH 8.0）降低 40%。当肌细胞内 pH 降至 6.4 时，其磷酸果糖激酶的活性几乎完全受抑制；pH 每降低 0.1 个单位，离体肌肉标本的磷酸果糖激酶活性降至原来的 5%～10%。金头鲷在 pH 7.1 环境下暴露 24 h，其红肌乳酸脱氢酶活力比 pH 7.9 暴露者提高 50%，而柠檬酸合成酶活力下降 49%。有报道显示，金头鲷在 pH 7.3 环境下养殖 5 d，心肌丙酮酸激酶活力比对照组（pH 8.1）提高 19 μmol/min，乳酸脱氢酶活力提高 444 μmol/min，苹果酸脱氢酶提高 21 μmol/min，而柠檬酸合成酶活力降低 1.03 μmol/min，3-羟酰基-辅酶 A 脱氢酶活力降低 3.64 μmol/min。与 pH 8.1 对照组比较，在 pH 7.3 环境下养殖 5 d 的金头鲷的丙酮酸激酶/乳酸脱氢酶降低 0.13，苹果酸脱氢酶/乳酸脱氢酶降低 0.28，柠檬酸合成酶/乳酸脱氢酶降低 0.015，这些数据表明酸化能抑制有氧代谢，增强厌氧代谢。

酸化水体还影响鱼类能量代谢的葡萄糖水平，且因暴露时间长短而异。在 pH 6.4 环境下胁迫 8 d 的欧洲鲈，其血糖比 pH 7.7 环境下的欧洲鲈提高 82.6 mg/dL。鲤鱼在 pH 4.5 环境下暴露 28 d，其血糖含量比第 7 d 时提高了 50%。在 pH 3.0 环境下的克林雷氏鲇肝葡萄糖水平是 pH 7.0 时的 2 倍，而肝糖原从 pH 3.0 时的 119 μmol/g 降至 pH 7.0 时的 96 μmol/g，肝乳酸含量从 8.5 μmol/g 降至 6.5 μmol/g。pH 压力还诱导嗜铬细胞和肾上腺皮质释放儿茶酚胺和类固醇皮质激素，动员储存能，提高鱼类血液中葡萄糖含量，甚至产生高血糖症。

（四）酸化水体影响水生生物的蛋白质代谢

酸化水体可抑制蛋白质代谢。酸雨不仅抑制水生生物的蛋白质合成，还促进蛋白质分解。有报道称：虹鳟在 pH 5.2 环境下养殖 30 d，蛋白质合成率是 pH 6.2 环境下养殖的 0.65%，蛋白质降解率却增加了 1%，蛋白质净增长降低了 0.35%。

鱼类蛋白质代谢产物以氨氮为主，排氨率可作为研究水生生物新陈代谢的重要指标。在适宜的 pH 范围内，组织代谢较快，产生的氨和尿素多，个体的排氨量上升，超过一定的 pH 范围，组织代谢会因不适而进入麻痹乃至停止状态，个体排氨量随之下降，尿素含量相对于氨氮排泄率明显提高。如尼罗罗非鱼幼鱼在 pH 5.0～10.0 环境下养殖 7 d，排氨率随 pH 降低而呈线性下降，回归系数为 0.483。在 pH 7.2 环境下养殖 24 h 的鲻鱼，其排氨率仅是 pH 7.7 时的 75%。

pH 变化对酶活性影响巨大，能改变底物和酶辅助因子活性基团的电离状态、蛋白分子电荷量、酶构象以及底物与酶的结合能力。低 pH 影响水生生物酶蛋白的构象、功能及活性，抑制营养吸收与代谢。海蜇在 pH 4.0 环境下淀粉酶活力只有 pH 7.0 时的 60%。大西洋鲑在 pH 6.5 环境下总蛋白分解活力比 pH 8.9 时降低了 63%，其 pH 6.1 组的脂肪酶活力只有 pH 7.9 组的 0.5%，严重抑制了消化能力。酸性阳离子与蛋白质结合成不溶性化合物，蛋白质变性可使鱼组织器官失去功能。用 pH 2.3 处理的鲢鱼肌肉肌原纤维蛋白分子无吸热峰，说明蛋白质已完全变性。

低 pH 和其他因素共同作用的威胁更大。水体酸化使硬水中碳酸盐生成大量游离的 CO_2，而一些不溶性重金属盐转变为可溶性盐，导致毒性倍增，对鱼酶活性及其生理机能影响更大。用 pH 5.6 的海水养殖大西洋鲑 24 h，Na^+/K^+-三磷酸腺苷酶活力仅比 pH 6.9 对照组下降 6%，而含 30 $\mu g/L$ 铝的 pH 5.6 组，其 Na^+/K^+-三磷酸腺苷酶活力下降了 69%。

（五）酸化水体影响水生生物的脂肪酸代谢

脂肪酸给鱼类提供生长发育所需的必需脂肪酸，其中某些高度不饱和脂肪酸是类二十烷活性物质的前体，对神经传导、信息传递有重要作用，有些是鱼类，尤其是海水鱼的仔、稚鱼生长发育所必需的；脂肪酸有助于脂溶性维生素的吸收和体内运输；脂肪酸还可作为能源为水生生物生长、发育、繁殖等生理活动提供能量，在氧气充足的情况下，脂肪酸可氧化分解为 CO_2 和 H_2O，释放大量能量，是机体主要的能量来源之一，对水生生物的生长发育和繁殖发挥重要的作用。

低 pH 影响酶蛋白的构象、功能及活性，抑制脂肪酶的活性，影响水生生物脂肪酸含量、合成与分解，及对脂类的吸收与利用。生物体内长链脂肪酸的合成始于 16 碳，通过一系列脱氢酶、加氧酶和延长酶的催化脱氢、加氧、延长而成，但低 pH 会影响有关酶的活性，从而影响长链脂肪酸的合成。酸性 pH 往往促进脂质过氧化反应。金头鲷在 pH 7.1 环境下养殖 10 d，心肌脂肪酸 β-氧化限速酶-3-羟酰辅酶 A 脱氢酶活力比 pH 7.8 组降低 51.67%，这预示着 pH 降低抑制了心肌动员脂肪的能力。

（六）酸化水体影响水生生物的核酸代谢

在有机体的生命活动中，凡影响蛋白质代谢的因素就不可避免地影响核酸代谢，具体表现在核糖核酸与脱氧核糖核酸比值的变化上。脱氧核糖核酸经转录和翻译编码蛋白质合成，转录、翻译过程中伴随核糖核酸的形成，正常生命活动中机体细胞脱氧核糖核酸含量不变，其核糖核酸与脱氧核糖核酸比值可反映蛋白质的代谢状况，是机体蛋白质合成能力的生理指标之一。鲤鱼、红点鲑、小口黑鲈等肌肉、肝中的核糖核酸与脱氧核糖核酸的比值和鱼类生长呈正相关，是评定鱼类生长性能的良好指标。

水体酸化严重影响水生生物的核酸代谢。丁兆坤等认为，核糖核酸/脱氧核糖核酸与 pH 有显著的效应关系，是评价环境对机体影响的重要指标。Catarino 等证实，酸化水体会改变水生生物的酸碱平衡，显著影响了核糖核酸/脱氧核糖核酸的值及基因表达。罗非鱼在 pH 7.36～8.20 环境下养殖 7 个月，肝中核糖核酸/脱氧核糖核酸值是对照组（pH 8.01～11.60）的 65%；日本囊对虾在 pH 7.2 环境下养殖 36 h，体内核糖核酸/脱氧核糖核酸值比 pH 8.2 时降低 30%。

Mukherjee 等将卡特拉鱼、南亚野鲮和罗非鱼暴露于不同 pH 的水质中 12 个月，发现暴露于 pH 8.01～11.60 的鱼鳃、肝和肌肉核糖核酸/脱氧核糖核酸值、线粒体酶活性、蛋白质含量皆比暴露于 pH 7.36～8.2 环境下的低，这可能与 pH 对核糖核苷酸还原酶的影响有关。核糖核苷酸还原酶是生物体内唯一能催化 4 种核糖核苷酸还原、生成相应的脱氧核糖核苷酸的酶，是脱氧核糖核酸合成和修复的关键酶和限速酶。pH 对核糖核酸还原酶有异构作用，阻碍核苷酸向脱氧核苷酸转化，不利于脱氧核糖核酸合成，进而使核糖核酸/脱氧核糖核酸的值偏大。Georgieva 等报道，pH 4.65 环境下培养结核杆菌 18 h，其核糖核酸还原酶亚基无序卷曲结构比 pH 7.4 组提高了 26%，于 pH 5.8 环境下仅培养 10 min，大肠杆菌的核苷酸还原能力就比 pH 8.2 组降低了 76.9%。可见 pH 对生物的影响之大。

第八章 大气氮沉降的应对策略探索

第一节 氮氧化物排放的控制措施

随着我国经济的发展，能源消耗带来的环境污染也越来越严重，大气烟尘、酸雨、温室效应和臭氧层的破坏已成为危害人民生存的四大杀手。其中烟尘、二氧化硫、氮氧化物（NO_x，包括 N_2O、NO、NO_2、N_2O_3 和 N_2O_5 等多种化合物）等有害物质是造成大气污染的主要根源。天然排放的 NO_x，主要来自土壤和海洋中有机物的分解，属于自然界的氮循环过程。人为活动排放的 NO_x，大部分来自化石燃料的燃烧过程，如汽车、飞机、内燃机及工业窑炉的燃烧过程，也来自生产、使用硝酸的过程，如氮肥厂、有色及黑色金属冶炼厂等。近年来，氮氧化物的治理已经成为人们关注的焦点之一。氮氧化物防治技术有催化还原法、液体吸收法、固体吸附法、生物处理法等几类。

一、氮氧化物的产生

（一）氮氧化物概述

氮氧化物（NO_x）包括多种化合物，如一氧化二氮（N_2O）、一氧化氮（NO）、二氧化氮（NO_2）、三氧化二氮（N_2O_3）、四氧化二氮（N_2O_4）和五氧化二氮（N_2O_5）等。除二氧化氮以外，其他氮氧化物极不稳定，遇光、湿或热变成二氧化氮及一氧化氮，一氧化氮又变为二氧化氮。职业环境中接触的是几种气体的混合物，常将其称为硝烟（气），主要气体为一氧化氮和二氧化氮，并以二氧化氮为主。对大气造成污染的主要是 NO、NO_2 和 N_2O。燃烧过程中产生的氮氧化物主要是 NO 和 NO_2，被统称为 NO_x。绝大多数燃烧方式中，产生的

NO 占 90％以上，其余为 NO_2。氮氧化物具有不同程度的毒性。

（二）氮氧化物的理化性质

除五氧化二氮为固体外，其余氮氧化物均为气体。其中四氧化二氮是二氧化氮二聚体，常与二氧化氮混合存在构成一种平衡态混合物。一氧化氮和二氧化氮的混合物又称硝气（硝烟）。一氧化氮的密度接近空气，一氧化二氮、二氧化氮比空气重。五氧化二氮的熔点为 30 ℃，其余氮氧化物的熔点均为零下。几种氮氧化物均微溶于水，水溶液呈不同程度的酸性。一氧化二氮在 300 ℃以上才有强氧化作用，其余氮氧化物有不同程度的氧化性，特别是五氧化二氮，在 −10 ℃以上分解放出氧气和硝气。氮氧化物是非可燃性物质，但均能助燃，如一氧化二氮、二氧化氮和五氧化二氮遇高温或可燃性物质能引起爆炸。

（三）氮氧化物产生的来源

1. 火力发电

空气中的氮氧化物，最大的来源是火力发电。据统计，2005 年，我国氮氧化物排放总量超过 1900 万吨，其中火力发电是最大来源，燃煤电厂排放氮氧化物 700 万吨，另外工业和交通运输部门也产生了一些氮氧化物，分别占 23％和 20％。

2. 有色及黑色金属冶炼厂

钢铁生产主要包括烧结、球团、炼焦、炼铁、炼钢、轧钢、锻压等环节，钢铁厂拥有排放大量烟尘和废气的炉窑。炉窑内物质燃烧过程中生成大量的 NO_x 和 CO_2 等气体，其中氮氧化物主要有 NO、NO_2，NO 占 90％以上。

3. 机动车尾气

汽车行驶时，内燃机燃烧过程的 1600 ℃高温和富氧条件生成了氮氧化物。据统计，在北京、上海、广州等机动车保有量位于前 40 名的城市中，约 50％的氮氧化物污染来自机动车尾气的排放；深圳市机动车排放的氮氧化物占到了全市氮氧化物排放量的 56.4％。而在民用车辆里，大型客车和重型货车排放的氮氧化物约占机动车排放氮氧化物总量的 70％。

4. 采暖燃烧的锅炉

采暖燃烧的锅炉也是氮氧化物的一大来源。据统计，在冬季采暖季节，北京大气中的氮氧化物浓度是夏天的 10 倍，当然，冬季排放的氮氧化物并没有比夏天多 10 倍，但夏天大气氧化性能好，能将氮氧化物快速转化掉。因此，冬季大气的氮氧化物污染问题显得更严重。

（四）氮氧化物的危害

大气中的 NO_x 溶于水后会生成酸雨，酸雨给环境带来了广泛的危害，造成了巨大的经济损失，如腐蚀建筑物和工业设备；破坏露天的文物古迹；损坏植物叶面，导致植物大面积死亡；使湖泊中的鱼虾死亡；破坏土壤成分，使农作物减产甚至死亡；饮用酸化的地下水，对人体有害。

NO_x 还对人的身体健康有直接损害，NO_x 浓度越大，其毒性越强，因为它易与动物血液中的血色素结合，造成血液缺氧而引起中枢神经麻痹。

NO_x 经太阳紫外线照射与汽车尾气中的碳氢化合物同时存在时，能生成一种浅蓝色的有毒物质——硝基化合物，它会形成光化学烟雾。城市光化学烟雾是指含有碳氢化合物和氮氧化物等一次污染物的城市大气，在阳光辐射下发生化学反应所产生的生成物与反应物的特殊混合物。

光化学烟雾对人体有很大的刺激性和毒害作用。它刺激人的眼、鼻、气管和肺等器官，产生眼红流泪、气喘咳嗽等症状，长期慢性危害使肺机能减退、支气管发炎，甚至发展成癌，严重时可使人头晕胸痛，恶心呕吐，手足抽搐，血压下降，昏迷致死。光化学烟雾可导致成千上万人受害或死亡，还可使植物改变颜色，造成叶伤、叶落、花落和果落，直到减产或绝收。

二、氮氧化物国内外排放治理现状

（一）国内现状

改革开放以来，我国社会经济迅速发展，伴随而来的是无法避让的环境问题，尤其是 NO_x 的排放问题。1980 年，NO_x 排放总量为 468 万吨，到 2000 年增至 1177 万吨，年均增加 4.6％。到 2004 年又增至 1600 万吨，年均增长 10.6％。随着中国人口的不断增加，国民经济的持续稳定增长和人民物质文化水平的不断提高，未来 20 年，中国 NO_x 排放量将呈现稳步增长的趋势。如果不采取进一步的控制措施，到 2020 年和 2030 年，全国能源消耗导致的 NO_x 排放总量将分别达到 3154 万吨和 4296 万吨。科学家预测，到 2020 年前后，我国将超过美国成为世界第一大 NO_x 排放国，如此巨大的排放量将给公众健康和生态环境带来灾难性的后果。

1995 年 8 月 29 日，中华人民共和国第八届全国人民代表大会常务委员会第十五次会议通过修正的《中华人民共和国大气污染防治法》在增加的有关条款中要求"企业应当逐步对燃煤产生的 NO_x 采取控制的措施"，首次将燃煤过程产生的 NO_x 控制纳入法律体系之中。2003 年 2 月 28 日，原国家发展计划委员会、财政部、国家环境保护总局、原国家经济贸易委员会联合发布了《排污费征收标准管理办法》（第 31 号令），在该管理办法中明确氮氧化物自 2004 年 7 月 1 日起按每千克0.63元收费（即征收标准为0.63元/kg）。2003年12月30日，国家环境保护总局、国家质量监督检疫检验总局联合发布了新修订的《火电厂大气污染物排放标准》，该标准分三个时段对不同时期的火电厂建设项目分别规定了氮氧化物排放控制要求，并要求第三时段火力发电锅炉须预留烟气脱除氮氧化物装置空间，液态排渣煤粉炉执行＜10%的氮氧化物排放浓度限值。

2012年2月29日，国务院常务会议同意发布新修订的《环境空气质量标准》。新标准不仅增设了PM2.5浓度限值，还增设了臭氧8小时平均浓度限值，缩小了二氧化氮的浓度限值，这也对我国氮氧化物控制提出了新的挑战。实际上，"十一五"以来，尽管二氧化硫完成了减排任务，但是全国113个环保重点城市空气中的二氧化氮浓度一直没有下降。2010年，环境保护重点城市总体平均二氧化氮浓度与上一年相比反而略有上升，这种增长态势一直持续到2011年上半年。生态环境部发布的《2011年上半年环境保护重点城市环境空气质量状况》显示，与2010年上半年相比，2011年上半年全国113个环境保护重点城市空气中二氧化氮平均浓度上升5.7%，而短期内这种上升的趋势很难扭转。如果按2006年版《环境空气质量标准》来衡量，2010年所有环境保护重点城市均能够达到0.04 mg/m³的标准限值。但如果按新发布的《环境空气质量标准》，将有35个城市，也就是31%的城市没法达到标准限值。我国氮氧化物减排形势依然严峻。

（二）国外现状

国外在氮氧化物处理方面主要集中在固定源和移动源两方面。

1. 固定源方面

美国、欧盟、日本等发达国家和地区将各类燃烧锅炉氮氧化物减排作为重点工作之一。

美国酸雨计划在《清洁空气法》修正案的指引下，分两阶段减排锅炉氮氧化物。第一阶段（1996－1999年）重点在第一类锅炉（燃煤墙式锅炉和切向燃烧锅炉）上安装低氮燃烧器，以削减氮氧化物排放；第二阶段（2000年以后）进一步严格排放标准，安装了更先进的低氮燃烧器，采取与低氮燃烧器成本相当的氮氧化物控制技术，实现第一类锅炉进一步减排和第二类锅炉（湿底锅炉、旋风炉、蜂窝式燃烧器锅炉和垂直燃烧锅炉）氮氧化物减排。

欧盟从1988年开始，不断出台合理而严格的氮氧化物排放标准和减排目标，并写入各成员国的国家法律中，有力地促进了氮氧化物的减排。

日本在1973—1983年间，先后5次加严了各类锅炉氮氧化物相关标准，同时在环境污染严重地区对氮氧化物总量进行控制。

除各类锅炉外，发达国家也将水泥、钢铁作为氮氧化物减排的重点行业。美国于 2007 年、欧盟于 2009 年分别颁布了新型水泥窑氮氧化物排放的可转换控制技术更新文件及 BAT 文件草案，总结了各自水泥氮氧化物控制的主要经验、技术方法及成本效益。

针对钢铁生产工艺的氮氧化物控制，美国控制技术文件及欧盟 BAT 文件草案均提出了技术方案，如针对烧结工艺的优化烧结工艺、焦粉脱氮和活性炭吸附等技术，针对焦炉的废气再循环、降低焦化温度、减小炭化室与燃烧室之间的温度梯度等技术。这些技术的推广应用，极大地促进了水泥、钢铁等行业氮氧化物的减排，助力了氮氧化物减排目标的实现。

2. 移动源方面

美国是世界上最早推行机动车排放法规的国家，机动车排放控制指标种类最多、排放法规最严格。从 1970 年左右开始，美国多次修订《清洁空气法》，逐步强化对机动车、非道路机械、轮船和火车等移动污染源的尾气排放及燃油蒸发等多种污染物的综合控制。其中氮氧化物排放控制是非常重要的内容，也是主要的推动力之一。美国轿车的氮氧化物排放标准限值，从 1973 年以前的 2.5 g/km，降至 2009 年的 0.043 g/km；重型柴油车氮氧化物的控制力度同样惊人，1988 年的重型柴油机氮氧化物排放限值是 14.3 g/kW·h，到 2010 年降至 0.27 g/kW·h。同时，为保证 2010 年以后重型柴油车氮氧化物排放标准的执行效果，美国环保局还要求利用便携式排放测试系统对在用重型柴油车开展实际道路上的排放测试，并规定必须达到设定的限值。欧洲开展机动车排放控制虽然比美国晚，但进步却更快。在 1992—2008 年的十几年间，欧盟基本以平均每 4 年加严一次机动车尾气排放标准的速度，从欧 I 排放标准发展到了欧 V 排放标准阶段，车用油品质量也随之大幅改善。从欧 I 排放标准发展到欧 V 排放标准，轻型汽油车和重型柴油车的氮氧化物排放限值都降低了 80% 左右。2013 年开始执行欧 VI 排放标准后，欧洲的机动车排放控制水平和美国基本一致。

除机动车外，非道路移动源也是氮氧化物排放的重要来源。非道路移动源包括工程机械、农业和园林机械、内陆和远洋船舶、火车、飞行器等，早期在美国和欧洲对非道路移动源都未引起足够重视。直到 1990 年，美国环保局才开始着手研究和限制非道路移动源的尾气排放，1998 年对功率在 37 kW 以下的非道路柴油机颁布了第一阶段排放标准，2000—2008 年期间对所有非道路柴油机分阶段实施更严格的第二阶段和第三阶段排放标准，氮氧化物排放比未采用标准前降低 60% 左右。1998 年第一个欧洲非道路移动源排放法规以立法形式通过，在 1999—2004 年期间分两阶段实施。2000 年底，欧洲委员会又提出修正案，将功率小于 19 kW 的非道路汽油发动机纳入监管，使欧洲与美国的小型发动机排放标准更加一致。

（三）国外氮氧化物治理的教训

欧美在重型柴油车氮氧化物减排上也有过曲折。发动机的氮氧化物排放和油耗存在此消彼长的关系，为了减少氮氧化物的生成，需要牺牲一小部分油耗。因此，发动机或整车生产商为了销售的产品更节油、更有市场竞争力，不惜采取不合理的排放控制策略，而无视氮氧化物排放的大幅增加。20世纪90年代，这种违法行为在美国市场曾经很普遍，美国环保局发现问题后对重型发动机和整车厂商做出了严厉的处罚，并加严了相关法规，要求采用车载测量方法开展重型柴油车在用符合性监管，以避免此类问题再次发生。欧洲也在不久后对重型柴油车排放达标监管增加了类似要求。我们不能为了节油而完全牺牲氮氧化物减排，这样的教训应该汲取。

三、氮氧化物治理技术及对策分析

（一）氮氧化物的主要治理方法

1. 催化还原法

催化还原法是利用不同的还原剂在一定温度和催化剂的作用下，将 NO_x 还原为无害的氮气和其他不含氮的组分。净化过程中，人们根据还原剂是否与气体中的氧气发生反应，将其分为选择性催化还原法和选择性非催化还原法。

选择性催化还原法是工业上应用最广的一种脱硝技术。利用还原剂在催化剂的作用下有选择性地与烟气中的氮氧化物发生化学反应，使之生成氮气和水，从而减少烟气中氮氧化物的排放，这种技术能应用于电站锅炉、工业锅炉等。理想状态下，这种技术可使 NO_x 的脱除率达90%以上，但实际上由于氨量的控制误差而造成的二次污染等原因，使得通常仅能达到65%～80%的净化效果。此法效率较高，是目前能找到的最好的可以广泛应用于固定源 NO_x 治理的技术。

选择性非催化还原法是向烟气中喷氨或尿素等含有氨自由基的还原剂，在高温（900～1100 ℃）和没有催化剂的情况下，通过烟道气流中产生的氨自由基与 NO_x 反应，把 NO_x 还原成 N_2 和 H_2O。在选择性非催化还原反应中，部分还原剂将与烟气中的 O_2 发生氧化反应生成 CO_2 和 H_2O。

2. 液体吸收法

液体吸收法是用水或酸、碱、盐的水溶液来吸收废气中的氮氧化物，使废气得以净化的方法。按吸收剂的种类可分为水吸收法、酸吸收法、碱吸收法、氧化—吸收法及液相络合法等。液体吸收法的主要问题是不能用于机动车尾气治理，另外，吸收液的再生或处置不好解决。

3. 固体吸附法

固体吸附法是一种采用吸附剂吸附氮氧化物以防其污染的方法。目前常用的吸附剂有分子筛、活性炭、硅胶等。

4. 生化处理技术

采用生化法处理氮氧化物技术是近十多年才逐步发展起来的，目前研究的只是强化和优化该过程。研究人员主要是从强化传质和控制有利于转化反应过程的条件两方面着手，凭借细胞固定化技术，可提高单位体积内微生物的浓度。人们通过对温度、pH 等环境因素的控制，使微生物处于最佳生长状态，提高其对 NO_x 的净化率等。随着研究的不断深入，该技术将会在各方面得到全面的发展。

（二）催化还原法

1. 选择性非催化还原法（SNCR）

（1）工艺概述

SNCR 方法主要是将含氮的还原剂（尿素、氨水或液氨）喷入温度为 850～1100 ℃的烟气中，使其发生还原反应，脱除 NO_x，生成氮气和水。在一定温度范围及有氧气的情况下，含氮还原剂对 NO_x 的还原具有选择性，同时在反应中不需要催化剂，因此人们称之为选择性非催化还原法。SNCR 系统的主要设备均采用模块化设计，主要由还原剂储存与输送模块、稀释水模块、混合计量模块、喷射模块组成。

（2）工艺流程图

SNCR 工艺流程示意图如图 8-1 所示。

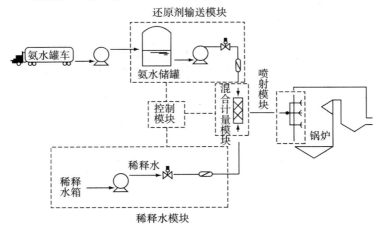

图 8-1　SNCR 工艺流程示意图

（3）工艺特点

①投资成本及运行费用低，占地面积小，停工安装期短；

②可适应锅炉负荷变化；

③脱硝效率可达 30%～70%；

④工艺成熟，系统安全性高，运行可靠；

⑤无压降，不需要更换锅炉引风机；

⑥模块化设计，安装、维护方便。

2. 选择性催化还原法（SCR）

（1）工艺概述

SCR 方法是利用催化剂，在一定温度下（270～400 ℃），使烟气中的 NO_x 与来自还原剂供应系统的氨气混合后发生选择性催化还原反应，生成氮气和水，从而减少 NO_x 的排放量，减轻烟气对环境的污染。其中 SCR 脱硝反应的具体反应方程式为：

$$4NO + 4NH_3 + O_2 \xrightarrow{\text{催化剂}} 4N_2 + 6H_2O$$

$$6NO_2 + 8NH_3 \xrightarrow{\text{催化剂}} 7N_2 + 12H_2O$$

$$NO + NO_2 + 2NH_3 \xrightarrow{\text{催化剂}} 2N_2 + 3H_2O$$

SCR 反应过程中使用的还原剂可以为液氨、氨水或者尿素。SCR 脱硝工艺系统可分为液氨储运系统（液氨为还原剂）、氨气制备和供应系统、氨/空气混合系统、氨喷射系统、烟气系统、SCR 反应器系统和氨气应急处理系统等。

（2）工艺流程图

SCR 工艺流程示意图如图 8-2 所示。

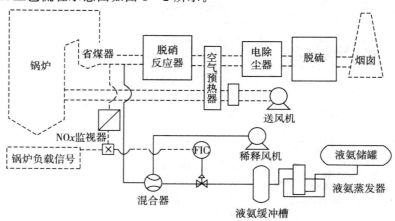

图 8-2　SCR 工艺流程示意图（液氨为还原剂）

（3）工艺特点

①脱硝效率高，可达 90% 以上；

②对煤种以及锅炉负荷变化的适应性强；

③SO_2 氧化率和 NH_3 逃逸率低；

④TiO_2 催化剂的活性好、失活率低、寿命长；

⑤技术成熟，运行可靠，便于维护。

3. SNCR/SCR 联合工艺

（1）工艺介绍

SNCR—SCR 联合工艺是将 SNCR 技术与 SCR 技术联合应用，即在炉膛上部 850～1100 ℃ 的高温区内，以尿素等作为还原剂，还原剂通过计量分配和输送装置精确分配到每个喷枪，然后经过喷枪喷入炉膛，实现 NO_x 的脱除，过量逃逸的氨随烟气进入装有少量催化剂的 SCR 脱硝反应器，实现二次脱硝。

SNCR—SCR 混合法脱硝系统主要由还原剂存储与制备、输送、计量分配、喷射系统、烟气系统、SCR 脱硝催化剂及反应器、电气控制系统等几部分组成。

（2）工艺流程图

SNCR—SCR 联合工艺脱硝流程如图 8-3 所示。

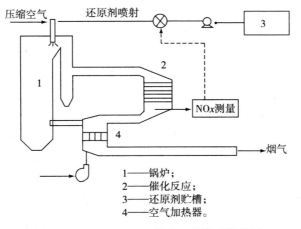

图 8-3　SNCR—SCR 联合工艺脱硝流程图

（3）工艺特点

①脱硝效率高，可达 80% 以上；

②反应器较 SCR 小，空间适用性强；

③脱硝系统阻力小，催化剂用量少，运行费用低；

④SO_2 和 SO_3 的转化率及氨逃逸率低；

⑤可分步安装，满足不同时期的环保要求，减少初始投资费用。

4. 催化还原法存在的缺点

尽管目前烟气脱硝技术已较成熟，但在实际应用中 SCR、SNCR 仍存在 4 个方面的问题。

一是 SCR、SNCR 需消耗大量的氨，若 80％的电厂采用此技术，则每年需消耗约 500 万吨的氨，占全国氨总产量的 10％，这造成了环保与农业"争粮"的问题，使环保与农业难以协调发展。

二是泄漏的氨不仅与二氧化硫在水蒸气的作用下会生成黏附性、腐蚀性、吸附性强的硫酸氢铵，易造成空气预热器换热元件堵塞和催化剂失活，导致运行成本提高，同时在环境中还会形成二次细粒子。

三是烟气中水溶性碱金属和气态砷化物进入催化剂内部并堆积，在催化剂活性位置与其他物质发生反应，引起催化剂中毒失活。

四是废催化剂难以安全处置。据预测，我国每年将产生 5 万吨的 SCR 废催化剂，其重金属污染、堆积占地、安全处置等问题严重。

四、我国氮氧化物污染预防治理对策建议

（一）制定方针，宏观调控

氮氧化物控制宜采取分层次、分区域，制定总量控制目标、突出重点行业逐步进行的总体技术路线，应制定国家、区域、城市三个层次相互结合的氮氧化物控制目标。国家以控制电厂燃煤锅炉排放源为主，把区域作为氮氧化物控制的重点，以珠三角、长三角和京津冀地区作为重点控制区域，不同区域各有侧重，着重控制酸沉降、臭氧、颗粒物等区域性污染问题。城市以机动车和工业锅炉排放源控制为主，控制重点为细颗粒物。关于控制方式，我国应充分汲取和借鉴以往二氧化硫污染控制的成功经验和国外氮氧化物总量控制的经验与教训，将氮氧化物一直纳入总量减排指标体系，制定区域和重点城市氮氧化物污染总量控制目标。此外，我国在控制氮氧化物污染的同时，应同时兼顾臭氧、挥发性有机化合物等其他污染物的协同控制，以达到改善环境质量、降低污染、降低减排成本的目的。

关于行业选择，氮氧化物控制的重点源及优先次序为电厂锅炉、机动车和工业锅炉炉窑，其应重点加强火电行业氮氧化物排放控制，电力行业已具有实施氮氧化物总量控制的基本条件，可基于目前的减排技术对火电行业设定阶段性总量控制目标。

电力行业总量分配适宜采取绩效分配方法。在机动车氮氧化物控制方面采取"双轨制"，一方面推动出台提高油品质量的有关政策；另一方面积极推广尾气催化技术。在工业锅炉炉窑氮氧化物控制方面，应分大中锅炉和小锅炉分类管理。

（二）建立健全氮氧化物控制标准体系

1. 完善氮氧化物环保标准体系的总体思路

在明确氮氧化物减排规划目标的基础上修订排放标准，火电厂排放标准的修订应当充分考虑我国氮氧化物控制技术产业发展状况，给国产技术的发展留下一定的空间。

2. 调整和完善环境质量标准体系

（1）在氮氧化物控制的同时兼顾臭氧的控制，进行臭氧的监测并将之纳入环境统计范围。

（2）加强环保系统对臭氧的监测能力建设。

（3）在修订《环境空气质量标准》时，制定分阶段的氮氧化物、挥发性有机化合物、颗粒物及二氧化硫控制目标。

3. 调整和完善环境质量标准体系

氮氧化物排放标准的修订应突出重点行业，其他行业同步控制。关于火电行业，在修订《火电厂大气污染物排放标准》时，采用分时分区模式，同时配套出台相应烟气脱硝电价补偿政策和氮氧化物污染防治技术政策。关于机动车，建议尽快发布低硫《车用柴油》标准，制定轻型柴油车的国 V、国 VI 阶段排放标准和重型柴油车的国 VI 阶段排放标准，制定在用柴油车氮氧化物排放限值和测量方法。同时，在水泥、钢铁等工业行业的排放标准修订中重点考虑氮氧化物的控制。

（三）扶持具有自主知识产权的氮氧化物控制技术

（1）扶持具有我国自主知识产权的 SCR 技术发展：我国应加大对国产催化剂生产技术研发的资金与政策支持，研发低成本、适合我国国情的氮氧化物控制技术。

（2）出台脱硝产业发展规划：我国应正确引导脱硝装置及 SCR 催化剂生产厂的建设，避免无序竞争，促进产业健康发展。

（3）实施烟气脱硝电价政策：我国应对电力企业运行脱硝装置给予经济补贴。

（4）加强对已建 SCR 装置和催化剂生产线的跟踪管理：我国应建立 SCR 装置运行和催化剂生产及应用情况数据库，为实现技术升级，制定有关法规、政策提供参考和决策的依据。

（5）建立脱硝装置运行后评估机制：我国应对已投运脱硝装置进行评估，将评估结果作为相关单位设计施工资质评价的重要依据，提高脱硝工程建设进入门槛。

（6）研究建立全国煤炭物流中心：我国应设国家级、区域级中心综合配送电煤，解决电力行业二氧化硫和氮氧化物控制中遇到的煤质、煤种复杂多变的问题。

（7）关于机动车氮氧化物控制技术与产业：我国在用车方面应加强监督管理，完善在用车检测/维护管理体系。在柴油车方面，应从燃油品质、内燃机技术和后处理技术3个方面同时着手控制氮氧化物的排放。同时，我国还应建立柴油机后处理系统的性能评价体系，设定后处理市场的准入门槛，规范排放后处理市场。此外，我国还要加强柴油车 NO_x 在线检测设备的开发和使用，以及柴油车的氮氧化物控制技术与示范研究。

第二节　氮磷污染的控制措施——以黄柏河流域为例

黄柏河是长江中游左岸的一条一级支流，其东支先后开发建成了尚家河、天福庙、西北口、玄庙观、汤渡河五座大中型水库，总库容3.6亿立方米，承担着宜昌市100多万人的生产生活用水和近100万亩农田灌溉的重任，对该市的经济和社会发展有着极为重要的意义。近年来，随着生态破坏、工农业生产污水和居民生活废水排放量的不断增加，导致黄柏河流域水资源污染状况日趋严重，近几年均相继暴发了绿藻和蓝藻水华，严重影响了百万居民生产生活和农田灌溉的用水安全。

保护水质是我国经济社会发展的重要战略举措，控制污染物的来源是改善水质的关键措施。氮、磷是水体污染的主要类型，主要来源于点源和非点源污染，随着点源污染被逐步有效控制，非点源污染成为影响水体水质的关键。非点源污染是与点源污染相对的，一般是指溶解态和颗粒态的污染物（化肥、农药、盐分、病毒、重金属、有机物等）从非特定的地点，在降雨和径流冲刷的作用下，通过径流而汇入受纳水体（包括河流、湖泊、水库和海湾等）并引起水体的富营养化或污染，非点源污染形成直至向外界水体输出的过程可划分为"源""汇"两个环节，因此，非点源污染的控制措施也应该依据"源""汇"不同环节各自的特征，采取有针对性的控制措施，才能更有效地控制氮磷的流失。首选措施是对"源"环节进行合理控制，它是非点源污染防治的根本和关键。而"汇"环节的防治属于"路径"治理，主要以拦蓄、降低污染物浓度、降低负荷流失总量为目标。

一、"源头"控制措施

非点源污染"源"环节的控制应主要包含以下两方面：首先，弱化污染发生的过程，阻止或减轻非点源污染发生的概率；其次，尽量弱化源头产污强度，使得产污过程对外界水体的影响降至最低。控制措施具体而言以适当调控田间水肥为主，其中主要因素包括合理施肥、减少农田用水、坡改梯工程改造和调整土地利用结构等，在"源"环节尽可能降低氮磷产污强度。

（一）合理施肥

田间化肥的大量施用是坡耕地氮磷输出的"源头"。人们为了追求经济效益最大化而增加施用化肥量，不仅会造成资源的浪费，难以吸收利用的养分随径流和渗漏汇入受纳水体，在很大程度上又加剧了非点源污染，降低了水体质量。因此，采取科学合理的农田施肥管理措施，在保证作物正常生长和增加产量的同时，对"源头"降低氮磷养分的流失也是十分重要的。现阶段通常采用测土配方施肥、配施有机肥和改进施肥方式等措施综合治理。

1. 测土配方施肥

测土配方施肥，即国际上的平衡施肥，是以土壤养分测试和田间原位试验为前提，依据土壤供肥性能、农作物需肥规律和肥料供肥效应，在合理配施有机肥的基础上，提出肥料中各形态养分的施用方式、肥料用量及施肥时间的措施。徐泰平对川中丘陵不同施肥试验田的研究表明：相对于无肥区和单施氮肥区，平衡施肥试验田的泥沙侵蚀量减少了 $60\%\sim65\%$，地表径流量减少了 $28\%\sim33\%$，总磷流失减少了 $52\%\sim61\%$，表现出显著的水土保持作用。

2. 配施有机肥

有机肥具有培肥地力、改良土壤、促进微生物活动和提高农产品品质的优点，与化学肥料相比，具有养分种类丰富且含有大量的有机质等优点。有机肥料在施入土壤后需经微生物分解释放出养分供作物吸收利用，而化肥一施入土壤后即能发挥供肥效能。所以，有机肥料养分具有种类多、释放慢、浓度低的特征；而化肥则与之相反，其具有养分单一、释放快、浓度高的特征。同时增施有机肥等措施也能改善土壤蓄肥保水的能力以降低氮素流失。

3. 改进施肥方式

有研究发现，即使施肥量相同，不同的施肥方式也会使田间负荷输出存在差异，追肥会增加养分流失负荷，而基肥则影响较小。农业生产上采用化肥深施也是避免养分流失的关键，氮肥深施经土壤覆盖后可以有效减少氨的挥发。磷肥、钾肥的深施对作物根系吸收养分有利，磷主要是随地表径流和侵蚀泥沙流失，农业生产上采取磷肥深施对控制磷素流失效果显著。实践中化肥深施的方法多种多样，如在耕作前撒肥，在播种、移栽或生长期时开沟穴施，或在耕后做基肥等。同时还要注意，施肥要尽量避免大暴雨到来前。

此外，田间养分流失的程度还与农作物对养分的吸收利用相关联，养分流失最易发生在作物对养分吸收较弱时。因此为了减免养分流失过量，化肥和有机肥的施用应在农作物养分需求高峰时，在一定程度上提高利用效率。

（二）减少农田用水

田间产物强度受农田用水的影响主要包括以下两点：首先，农田用水量的提高会导致排水量的增加，加剧了田间养分流失量；其次，农田用水量的增加还加剧了土壤中氮磷等污染物的侵蚀强度，促进了氮磷养分迁移和淋溶流失。

农业生产中采用现代化的喷灌、滴灌、雾灌等节水灌溉技术，显著地提高了氮磷养分的利用效率。相关研究表明，灌溉方式对氮磷养分的流失程度的影响显著，当农田灌溉用水量降低31％～36％时，形成的地表径流量减少78％～90％，同时随径流流失的氮素负荷显著减少了76％～80％，土壤深层随渗漏水流失的氮素负荷降低34％～40％，而对作物生长影响较小，仅减产6.7％～8.1％。在灌溉用水量相同的情况下，农田养分的流失量按以下顺序依次递减：沟灌、淹灌、喷灌，在灌溉深度降低50％，氮肥施用量降低50％时，农作物也能够增产。合理灌溉是农民生产生活与节约用水、保护环境的要求中最好的平衡点，坡耕地中养分的淋失量一般随农田水分淋溶强度的加剧而增大。在农业生产中，采用科学的灌溉方式，减少农田用水量，一方面可以降低水分的渗漏强度，延缓和减少土壤氮磷等养分的淋失，另一方面也可减少农业非点源污染的生成和扩散。对农田排水重复使用，既能将农田排水中的氮磷养分循环利用，又能降低排入水体中非点源污染物的浓度。

（三）坡改梯工程

黄柏河流域的农业生产种植类型中，坡耕地占有一定比例，对坡耕地的治理一方面应减免在坡耕地上的种植；另一方面应进行坡改梯改造，促使上一个梯田形成的径流循环汇入下一层梯田中，不仅降低了壤中流汇入地表的概率，也提高了养分的利用率；坡改梯工程具有拦蓄上游水土流失及天然降水，提高土壤肥力和土壤含水量，改善微生物状况、土壤理化性质及小气候等优点，具有良好的环境效益。阮伏水等通过相关试验论证，与传统的顺坡种植方式相比较而言，梯田种植拦沙率明显提高，拦沙率达到了 99%，径流拦蓄率也有明显的升高，达到了 92.1%，具有明显的保持水土功效。胡建民等的研究结果表明：改梯后的坡耕地拦蓄水分，保持水土效益显著提高，分别高达 67.6% 和 85.0% 以上；梯壁植草措施能大大提高梯田的蓄水保土效益，前埂后沟＋梯壁植草方式的水平梯田保土效益要明显比梯壁不植草的高，前者保土效益高达 98.2%，蓄水效益也高达 59.7%。研究发现，壤中流是氮素流失的主要途径，增加土壤蓄水能力是解决壤中流的氮素污染物流失的重要手段，而坡改梯良好的保土效益也在很大程度上控制了磷素的流失。

（四）土地利用结构调整

非点源主要来源于土壤养分的侵蚀和溶出。合理的农业土地区划是控制农业非点源输出的重要环节。Neaf 等研究表明，改变土地利用方式可以改变壤中流的产生量。合理的轮作方式及种植制度可在很大程度上减少氮磷向水体迁移的风险。有研究发现，果农间作的土地地表径流量小于轮作制度的土地地表径流量，而轮作土地的地表径流量又小于单一种植制度田地的地表径流量。而轮作制度中，作物自身的不同性质和不同的管理措施对地表径流量均有较为显著的影响。根据不同性质的农作物对氮素、磷素等养分的吸收特性和互补特性，通过采用不同性质作物之间的间作、轮作和套种等方式，可以明显增加养分的利用率，减少氮素、磷素等的损耗。对富磷土壤，可广泛种植喜磷作物，如荞麦等，同时可免除或减少施肥用量。不同土壤类型的肥料限制因子不同，如黄柏河流域由于磷矿丰富，氮肥是最主要的肥料限制因子，不施氮肥的作物生长状况十分不好，因此可以适量多施氮肥而相应减少磷肥的施用量。因此，通过合理的优化配置土地利用结构，既可以提高水土保持能力，又可以减少氮磷等养分流失。

横坡耕作是通过改变耕种方向对地面粗糙度、地面作物、降雨入渗以及土壤通透性等起作用以降低坡面水土流失。通过对地表径流的层层拦蓄以增加入流，其防控水土流失的作用十分显著。因此，在黄柏河流域应逐步推广横坡耕作的方式以代替传统的顺坡耕作。

二、"入汇"控制措施

"汇"环节是指氮磷在排水沟渠中迁移转化直至最终排入受纳水体的过程。

"汇"环节的控制方法主要是通过拦蓄、植被吸收和净化以达到减弱农田排水中污染物的浓度，降低源头的入库负荷。人们主要通过拦蓄初期径流、修建排水沟渠、种植河岸植被和建造人工湿地等措施综合控制农业污染物的"入汇"过程。

（一）拦蓄初期径流

地表径流中氮磷的流失过程存在明显的初期径流冲刷效应，在降雨径流初期，污染物的输出浓度和流失负荷均明显高于其他阶段，磷素的流失形态主要以泥沙结合态为主，因此，在小流域中有针对性地建立沟渠、坑塘等截留措施来获取一定比例的初期径流对非点源污染物的减控有重要意义，也可使泥沙颗粒物逐渐沉降，减少以泥沙为载体的污染物流失量。王福祥对深圳福田河流域的研究结果表明，占径流总量 30％～40％的初期径流携带了分别占总污染负荷 47.6％～60.2％、49.3％～61.7％、41.8％～53.5％的 COD、SS、BOD 污染负荷，径流体积截取率取前 30％～40％比截留整场降雨更为经济、有效。同时，人们应依据气象预报，尽量减免在特殊降雨期间施肥、翻耕等活动。

（二）排水沟渠净化

排水沟渠是农田灌溉工程的重要组成部分，是降雨径流和农田排水中所携带大量的氮磷污染物流失的主要通道。农田中的污染物被径流携带汇入沟渠中，水动力条件随之改变，流速降低，以泥沙为载体的污染物逐渐沉积，这为沟渠中微生物和水生植物的生长提供了充足的养分来源，并构造了农田排水沟渠独特的生态系统。

农田排水沟渠中的水生植物不仅从水体中直接吸收农田排水中的养分，同时其代谢过程为底泥中微生物的正常生长提供了必要的生境，而微生物对沟渠生态系统的能量和物质循环非常重要，通过位于植被根区附近的厌氧、好氧及兼性微生物的反硝化和硝化作用，污染物最终以气体的形式逸出。Lin 等通过收割试验分析表明，湿地生态系统中通过植被吸收利用仅去除氮的 4％～11％，而反硝化作用去除了绝大部分氮（89％～96％）。排水沟渠中的基质底泥是各种微生物和水生植物生存的物质来源，同时底泥还具有强大的吸附性能，对水体中的氮磷污染物有一定的净化作用。

（三）河岸植被截留

河岸植被截留措施，即利用植物缓冲带缓滞径流、强化过滤、沉降泥沙和增强吸附农业生产所形成的非点源污染物质，该过程具体包括沉积、过滤、吸附等，并能进一步改善土壤质量，促进土壤涵养水分和养分能力的提高，减缓流速，将径流对河道的冲刷作用降至最低。陈金林等通过应用沟渠和缓冲林带等技术分别对太湖地区农田中的氮素、磷素进行了净化和截留，结果表明，当林带与农田的宽度比例为 40：100 时，径流中的氮磷净化效果最好。河库沿岸是氮磷污染物汇入水体的关键区域，在该地段建立植被缓冲带，主要起到以下四种效果：

（1）减少地表径流量。植被的根系能够对径流进行横向上的分配，部分径流渗入土壤中形成壤中流，并能截获地表径流中的颗粒态污染物，能有效减少氮磷入库负荷。

（2）弱化土壤侵蚀。植被能弱化地表径流对土壤表层的侵蚀冲刷，减少水土流失，并能使部分泥沙和悬移质沉降，减少水体污染。

（3）净化地下水质。植被根系能有效吸收土壤氮磷养分，为植被的生长提供物质来源，显著降低壤中流中污染物的浓度，实现降低负荷输出的目标。

（4）改善黄柏河流域的生态环境。提高流域绿化面积，美化居民生活景观，增加环境自净能力，扩大野生动物的栖息地，提高生物多样性，并促进农业生态环境的多样化发展。

（四）人工湿地

湿地是农田和水体间的过渡带，能够有效截获来自农田地表和地下径流的氮磷污染物、固体颗粒物，然后通过一系列的植被吸收、土壤吸附和生物降解等综合作用，最终实现减弱汇入受纳水体污染物含量的目标。

人工湿地是一个贴近自然生境的生态系统，具有耗能成本低、污水处理能力强的优点。人工湿地一般通过底泥基质中微生物的活动和水生植物的吸收、吸附和富集等作用来降低水体中污染物的浓度。其主要原因包括：首先，植被发达的根系为微生物的附着生长提供了良好的场所，易于形成生物膜，促进水体中的污染物被降解再利用；其次，水体中可溶性的及被微生物分解的污染物，可为植物的光合作用提供动力来源；最后，光合作用形成的氧气，通过植被根茎进入水体中，在根区周围形成多个好氧、厌氧和缺氧的小生境，有利于微生物硝化与反硝化作用的进行，为水体中污染物的去除提供良好条件。相关研究结果表明，湿地对氮的吸收率可达到 79% 左右。

三、主要结论

黄柏河流域是宜昌地区重要的饮用水水源地，其水质状况直接影响到百万人口的生产生活用水安全，而近年来，水污染事故频发、水华形势日益严峻，水污染防控已迫在眉睫。本文针对非点源形成直至向外界水体输出的"源""汇"两个环节，采取有针对性的控制措施，从而更有效地控制氮磷流失。其中，"源"

环节的控制措施包括：合理施肥、减少农田用水、坡改梯工程、土地利用结构调整等；"汇"环节的控制措施主要包括：拦蓄初期径流、排水沟渠净化、河岸植被截留和人工湿地等生态工程技术等。

第三节　其他改善氮沉降的相关措施

自然界的氮循环是一个维系地球生命的自然过程。然而人为活动的加剧严重地扰乱了自然界正常的氮循环，已经威胁到人类的生存环境，危害了人类健康。为了摆脱这种困境，我们必须采取相应措施。

一、控制人口增长

在农业革命之前，世界人口基本上是稳定的。在农业革命之后，人口缓慢增长一直延续到工业革命时期。这时，人口曲线开始陡然上升。在有效控制人口过快增长的前提下，到 21 世纪末，全球人口可稳定在 100 亿。若不能有效控制，到 21 世纪末，全球人口将达到 140 亿。显而易见，为满足人口增长对食物的需求，就必须增加农产品产量，比较有效的途径是加大投入，首先是增加化学氮肥的投入，其次是扩大耕地面积，由此将带来森林、草原和自然湿地的面积的缩小。然而森林、草原和自然湿地是消纳碳、氮、磷、硫循环产生以及危害环境的各种氧化物和氢化物的场所。

专家们根据到 2025 年全球人口增加量的估计，若要使全球人口都能实现温饱，消除饥饿，则全球食物总需求量需达到 90 亿吨。未来全球人口的增长，主要是在发展中国家，对于如此庞大的人口增长，发展中国家的最好选择是自己养活自己。专家们预测，发展中国家要实现食物自给自足的目标，至 2025 年氮肥的用量必定大幅增长。这意味着全球从大气输入到陆地和海洋的活化氮的数量将成倍增长。在这种情况下，人为影响下的氮循环给地球生命和环境带来的负面影响是不难想象的。

另外，由于全球人口的快速、大量增长，动力、工业和交通运输的规模将成倍扩充，对能源物质的消耗将成倍增长，排放到大气中的含氮、含碳和含硫气体的量也将以倍数增长。

由上可见，由于人口的继续增长，一方面使进入大气—陆地—海洋的有害物质的数量快速增加；另一方面使消纳这些有害物质的"汇"缩小，因此把控制全球人口的增长作为摆脱困惑的首选对策是顺理成章的。

二、保护森林，植树造林

森林是地球生物圈的组成部分，是整个陆地生态系统的支柱。有人把森林称为"地球保护之神"。茂密的森林不仅能保持水土、防风固沙，而且能同化化石燃料燃烧产生的 CO_2 和在一定限度内消纳氮氧化物（NO_x）和氮氢化物（NH_x），这对于减缓温室效应、减少从陆地输入水体的无机氮的数量具有重要的作用。森林植被的破坏，必然会破坏整个生态系统中各个因子的平衡关系，致使生态平衡失调。目前世界上的森林以每年 1800 万～2000 万公顷的数量在减少。据联合国粮农组织统计，自 1950 年以来，全球森林已损失了一半，而且失去的森林主要是热带雨林，每年约失去 1130 万公顷的热带雨林。大规模砍伐热带雨林主要发生在中南美、中非和东南亚的发展中国家。据专家预测，全球森林急剧减少的趋势可能要延续到 2020 年，到那时，全球森林面积大约只有 18 亿公顷了，约占全球陆地面积的 1/7。

全球森林，特别是热带雨林的乱砍滥伐，不仅会加剧水土流失，引发区域性的水、旱灾害，破坏生态平衡，而且将波及全球碳循环和氮循环。热带雨林和其他地区森林的破坏，首先是出于人口膨胀的压力，毁林开荒以增加农地和牧场；其次是作为薪柴；第三是出口木材换取外汇。砍伐森林都需要焚烧森林砍伐迹地，据估计，至 20 世纪末，在这一过程中至少有 3000 亿吨干物质被燃烧掉，不仅会向大气释放数量巨大的 CO_2，而且会释放出大约 1.05 亿吨 NO_x。全球森林的减少，不仅使全球固定 CO_2 和接纳大气干湿沉降中 NO_x 和 NH_x 的功能大大缩小，而且森林砍伐迹地的焚烧还要向大气排放数量巨大的 CO_2 和 NO_x，直接加剧了温室效应以及酸雨、水体富营养化等全球性环境问题。保护森林是全球性的要求，超越国家和地区界限。保护森林、植树造林将有助于恢复全球碳、氮的良性循环，保护人类生存的环境。

三、管好、用好常规能源，开发利用新能源

能源是社会生产和发展的物质基础，就像人要吃饭一样，饭和菜供给人类生命活动以能量。能源是社会物质生产的动力，只有供给动力，机器才能运转，火车、汽车、轮船和飞机才能开动，没有能源，社会生产就要停止，科学技术和社会就不能进步。一些重大的全球性环境问题（如温室效应和酸雨）都同化石燃料燃烧过程中向大气排放过量的 CO_2、NO_x 和 SO_2 有关。因此，减轻或消除温室效应和酸雨的影响及危害的办法之一是从能源方面做点文章。

随着科学技术的进步，人类可以利用的能源也在不断发展。一般把大自然赋予人类的能源分为常规能源和新能源两大类。技术上比较成熟、使用较普遍的能源叫作常规能源，如煤炭、石油和天然气等；新近才开始利用或正在研究开发的能源叫作新能源，如太阳能、地热能、风能、潮汐能、氢能等。一些国家虽然已建立了一些太阳能、风能和地热电站，但仍处于试验和开发阶段。

管好、用好现有的常规能源，即化石燃料提供的能源，乃是当务之急。所谓管好常规能源，就是要对煤、石油和天然气，特别是对煤燃烧过程中产生的 CO_2、SO_2 和 NO_x 的排放进行处理和控制。自 20 世纪 80 年代以来，一些发达国家在减少 CO_2、SO_2 和 NO_x 的排放方面取得了一定的成效。一些发展中国家也开始重视减少本国 CO_2、SO_2 和 NO_x 的排放。所谓用好常规能源，是指提高化石燃料的热效率和在工业生产中降低能源消耗，提高产出率。提高常规能源的热效率和减少消耗可相对减少煤、石油和天然气的用量，从而减少 CO_2、SO_2 和 NO_x 等有害气体的排放量。常规能源的热效率低，工业生产中能耗大的问题在发展中国家更为突出。能源热效率低和工业生产中能耗大是由于发展中国家的生产技术和设备陈旧造成的。

在 21 世纪，新能源利用与开发存在美好的前景，核能开发利用虽然还存在一些问题，但发展核能的方向已经确定。核能的生产主要有两种途径，一是利用核裂变，就是利用重原子核（铀、钍、钚等元素的原子核）的分裂反应。二是利用核聚变，就是利用氢原子核（氢的同位素氘、氚的原子核）的聚变反应。目前，对核能的开发主要是利用核裂变原理建立核电站。只要不发生核泄漏事故且能有效处理核废料，核能对于环境来说，就可以称为清洁能源。核电站的建成证明，核能利用已成为现实。太阳能电池已广泛应用于宇宙探测、航空运输、气象测量、海洋利用、通信设施、陆路交通和日常生活等许多方面。然而，太阳能电站、地热发电站和风能电站目前还处于试验或小规模的试用阶段。太阳能、地热能和风能虽然是最干净的能源，但它们的开发利用受到季节性和地区性差异的限制。在新能源的家族中，氢能源可能有更好的前景，氢就是自然界存在的氢元素，一个水分子（H_2O）就是由两个氢原子和一个氧原子组成的。氢能源的利用要解决两个关键问题，一是氢的制取，即如何把氢从其化合物中分离出来，要分离氢就要消耗其他类型的能源；二是氢的贮存，氢能源热值高，无污染，应用面广，既可用作汽车、飞机的燃料，也可发电。氢能源也能进入家庭作为生活能源。

根据核裂变原理建立起来的核电站虽已成功应用，而且核发电过程中不直接产生污染物，但所用的核燃料也是不可再生的能源，地球上这类核燃料的贮量总有一天要被耗尽。因此，科学家们把氢能源和可控核聚变产生的能源视为 21 世纪最有前景的新能源。氢可由水获得，能够产生核聚变的元素氢的主要同位素氘和氚，它们蕴藏于海水中，比较容易提取，对环境损害不大。

太阳能的蕴藏十分巨大。据计算，地球每年接收的太阳能相当于 7.4×10^8 亿吨标准煤产生的能量。太阳能利用的潜力很大。

风能也有很大的潜力。据估计，太阳辐射到地球上的热量约有 20% 被转换为风能，相当于 10800 亿吨标准煤产生的能量。风能是一种很早就被人们利用的自然能源。早在 14 世纪，中国就有利用风力提水灌溉农田的记载。荷兰人在 16 世纪就用风力驱动的风车来排除积水和灌溉农田。1984 年美国就已在加州设立了可为 4 万户居民提供足够电力的风能电站。

水能也是一种很早以前就被人们利用的自然资源。我国在很早以前就利用水位差来驱动木制和石制机具进行农产品加工，如磨豆腐、舂米等。在我国水资源丰富的南方山区仍然可以见到这种利用水能作为动力进行农产品加工的机具和运作的场面。

修建水坝进行水力发电是现代水能利用的范例。在我国和世界其他水资源丰富的地区，不仅建造了许多中小型水力发电站，还修建了许多大型水力发电站，如我国早已投入运营的黄河和长江中上游地区的大中型水电站，以及 21 世纪初建成的三峡水电站等都是大规模利用水能的例证。

地热能也是一种可开发利用的潜力巨大的自然能源，地球内部蕴藏着巨大的热能，从地表向内部深入，温度逐渐上升，地壳底部的温度为 $500 \sim 1000$ ℃，地球中心处的温度约为 4500 ℃。

从目前来看，地球上新能源的开发利用，虽然还有许多问题有待突破，然而一场新的能源革命终将到来。因为到 21 世纪末，全球人口将增至 100 亿～140 亿，而目前以煤、石油、天然气等化石燃料为主的能源物质是不可再生的。地球上埋藏的化石燃料按照增长的人口对能源的需要来计算，不需多久就会枯竭。因此不论从保护环境角度，还是从化石能源物质在地球的贮量不能满足未来人类社会生产的需要出发，都需要有新能源来替代化石能源。

四、减少农田氮素损失，提高氮肥利用率及其增产效果

前面我们已分别讨论了控制人口、保护森林和开发新能源对减缓温室效应、酸雨和水体富营养化等全球重大环境问题的意义和作用。既然向大气排放的 N_2O、NH_3 和向水体迁移的硝态氮主要来自农田氮肥的施用，这就很有必要从化学氮肥的施用和管理方面来考虑如何减缓它们对环境产生的影响。

我们要设法减少土壤氮素损失和提高氮肥的利用率。农田生态系统中氮素损

失的途径有：氨挥发、反硝化、硝酸盐淋洗、径流和侧向渗漏等。但是最主要的损失途径是反硝化、氨挥发和硝酸盐淋洗。不论水田还是旱地都存在反硝化和氨挥发损失问题。不论是从农业角度考虑，还是从环境角度考虑，都应设法减少氮素损失，提高氮素的利用率及其增产效果。

（一）科学施肥

"科学施肥"是许多人都知道的术语，也是主管领导部门指导农业生产的一个方针。所有肥料的施用都应该遵照科学原理和方法进行。不同的肥料，科学施用的技术是不同的，对于如何科学施用氮肥，下面五个方面是非常重要的。

1. 氮肥的适宜用量

要做到科学施肥或合理施肥，我们要根据不同地区、不同气候和不同作物确定氮肥的适宜施用量。氮肥用量并不是越多越好，随着氮肥用量的增加，单位施氮量的增产量趋于降低。对于一个地区某一种特定的作物来说，确定氮肥的适宜用量不仅是必须要做到的，而且也是能够做到的。目前已提出了一些推荐适宜施氮量的方法，现在简要地介绍2种方法。

（1）供需平衡法。在本法中，要求确定以下几个参数：可能达到的产量或产量目标；单位产量的作物吸氮量；有机肥料的含氮量和氮素利用率；化学氮肥利用率和土壤供氮量。关于目标产量，通常是根据经验确定的，也可根据实验来确定。在应用本法时，其他参数都可从基本数据得到，最困难的一点是预测土壤的供氮量。

（2）平均适宜施氮量法。对同一地区的某一作物来说，耕作施肥制度基本一致，因而可以通过田间的氮肥施用量的试验网，在得到了各个田块的适宜施氮量的基础上，概括出一个平均值，以作为该条件下大面积生产中推荐该作物的施氮量之用。在太湖地区的水稻和小麦田间试验中，在不改变全部供试田块的总施氮量的情况下，在各块田上皆按平均适宜施氮量施用氮肥，各田块的可得产量，除个别例外，均与按各自在适宜施氮量施用时的可得产量相近。而且，前者的各田块得到的产量总和，只比后者的产量总和低约1%。这一方法的优点是简便易行，不误农时，适用于当前农村缺乏测试条件的情况。

2. 把握氮肥的适宜施用时期

分次施用氮肥是提高氮肥利用率的主要途径之一。当然，施用的次数也并不是越多越好。在作物生长旺盛时期，作物根系已较发达，加之作物已较繁茂而有利于抑制氨挥发，在此时施加氮肥比在生长早期施用氮肥损失低得多，氮肥利用率则高得多。生长旺盛时期是作物氮素营养的临界期，此时追施氮肥的增产效果也比较高。若施肥时期过迟，则由于作物对氮素的吸收已很少，常可导致氮素损失增加和利用率降低。因此，氮肥应重点施于作物生长的中期，例如禾谷类的拔节、穗分化期。但并不能由此得出作物生长早期不能施肥的结论，这要视作物的生长和土壤的供氮情况而定。若作物生长早期明显缺氮，则仍然需要施用氮肥。

3. 氮肥深施

农业生产中，一般是把化学氮肥通过造粒机加工成颗粒状，通过施肥机械施入土中。铵态氮肥和尿素深施，在旱地主要是减少氨挥发，而在水田则还可降低硝化－反硝化损失。至于适宜的施用深度，则既要考虑到尽量减少氮素损失，又要能及时供给作物吸收利用，且要省工省时。所以，在大面积生产中，只应采用适当的施用深度。氮肥深施还要考虑土壤性质，在渗漏性强的土壤中，因尿素粒肥深施有增大淋失的可能而不宜采用。粒肥深施，由于其氮素利用率很高，故如果按粉肥习惯施用方法下的适宜施氮量施用，则必然因氮素营养过高，反而影响增产效果。

4. 水肥的综合管理

水肥的综合管理技术是提高氮肥利用率和增产效果的又一途径。稻田表面水层中 $NH_3+NH_4^+$ 的浓度越高，NH_3 挥发损失量越大，故应尽可能使施用的铵态氮肥进入土层，被土壤吸收。在用尿素做水稻追肥时，可以采用"以水带氮"的方法，即在耕层土壤呈水分不饱和状态时表施，随后灌水，将氮肥带入耕层土壤中。

旱涝是影响旱作物根系吸收能力和生长的重要限制因子。消除旱涝是提高氮肥增产效果的基础，如果土壤很干，作物达到凋萎点附近，则氮肥几乎不被作物吸收。

在旱作上撒施尿素后随即灌水，可以将尿素带入耕层土壤中，从而达到部分深施的目的。这与上述在水稻上采用的"以水带氮"的技术，在原理上是相同的。不同品种的氮肥，其随水移动的难易不同，虽同样采用表施后随即灌水的方法，其效果也将不同。在相同的灌水条件下，铵态氮肥因易被土壤所吸收，其下移深度较浅，大部分仍集中在上层土壤中，而与尿素有显著的不同。因此，对铵态氮肥来说，同样采用表施后随即灌水的方法，其效果则不及尿素。然而，这样做仍可将部分氮肥淋至土表以下数厘米处，有助于减少氨挥发。

5. 平衡施肥

平衡施肥是指在施用氮肥时，要考虑到作物可利用的土壤中磷和钾的供应状况，以及作物对磷肥和钾肥的反应。氮肥虽然是作物增产的要素，但只有在土壤中磷、钾供应可以满足作物需要的情况下，才能发挥其增产效果。往往有这样的情况出现，在一定的氮肥施用水平下，土壤并不表现出磷、钾的缺乏，氮肥可以发挥其正常的增产效果；但当氮肥施用量增加时就会引起磷或钾或磷和钾同时相对缺乏。在这种情况下，再增加氮肥用量，除了增加氮素损失外，就不能发挥增施氮肥的增产效果了，只有施磷肥或钾肥或同时施用磷肥和钾肥才可增加氮肥的增产效果。

在缺磷的土壤中，氮磷配合施用，在缺钾或磷和钾都缺的土壤中，氮钾或氮磷钾配合施用，可以显著地提高氮肥利用率和籽粒生产效率，并在增产上表现出一定的正交互作用。对于尿素来说，它与过磷酸钙混合施用时，由于其水解速率降低，也可降低氨挥发损失。

（二）抑制剂的开发和利用

土壤中氮素的转化过程除氨挥发外都是由微生物进行的生物化学过程。每个转化过程都由一种特殊的酶来控制。因此科学家们设法筛选出了能延缓或阻止尿素水解和氨硝化的许多种化学抑制剂，来延缓尿素肥料转化为铵的速度。科学家也已开发了适用于水田的抑制氨挥发的表面分子膜。下面分别介绍一下它们的使用效果及存在的问题。

1. 硝化抑制剂

硝化抑制剂，顾名思义就是抑制微生物把铵态氮转化为硝态氮的化学制剂。若使土壤中的氮以铵的形态存在，则有利于保存作物对氮的需求。若以硝态氮的形态存在，则它易随水淋失和进行反硝化形成气态氮损失。土壤中硝酸盐浓度低了，反硝化作用的基质少了，则反硝化作用的强度就会相对减弱。对微生物引起的硝化过程具有抑制作用的化学制剂很多，比较常见的有 2-氯-6-三氯甲基吡啶〔也叫西吡（CP）〕、2-氨基-4-氯-6-甲基吡啶（AM）、1-2-4-三唑盐酸盐（ATC）、硫脲（AU）、脒基硫脲（ASU）、2，5-二氯硝基苯、氯唑灵和双氰胺（DCD）等。以上括号中的英文字母都是缩写代号，其中西吡和脒基硫脲经过鉴定，在我国已被列为试验推广品种，双氰胺在我国也已推广使用。乙炔有很强的抑制硝化作用的能力，但由于它是一种气体，很难进入土壤，因此很难在实际中使用。然而科学家们已想到了一种很巧妙的办法，即将一种叫蜡包碳化钙（碳化钙的商业名称叫电气石）的化学物质放到土壤中去，它在土壤中遇水分解产生乙炔成为一种缓慢释放的乙炔源。

国内将 DCD 加入碳酸氢铵中制成了长效碳铵，在大量的田间试验中，这种氮肥表现出一定的增产效果。

虽然在实验室培育试验中，硝化抑制剂能在一段时间内抑制或削弱铵的硝化作用，并减少氮肥的损失，但是，在田间试验中，硝化抑制剂大多未能明显地降低氮肥的损失。在作物生长条件下，硝化抑制剂未能明显地降低铵态氮肥或尿素损失的原因比较多。例如，抑制剂本身的分解和挥发，土壤对抑制剂的吸附和抑制剂在土壤中的移动跟铵态氮是否同步，以及土壤和环境条件是否有利于反硝化和淋洗或氨挥发等。因此，科学家需要进一步开发新的硝化抑制剂，并明确其有效应用的条件。

在田间条件下，硝化抑制剂虽然对减少氮肥总损失、提高作物产量未见明显效果，然而，硝化抑制剂对 N_2O 的形成有明显的抑制效果，这也是很有意义的，因为 N_2O 是一种重要的温室气体。

2. 脲酶抑制剂

尿素是一种高浓度的氮肥品种，它是目前世界上使用量最大的氮肥品种，中国目前尿素的生产量已占氮肥总消耗量的 65% 左右，而且还会继续增加。尿素进入土壤，通过脲酶的作用被水解，转化成铵态氮，可用下列化学反应方程式来表示：

$$CO(NH_2)_2 + 2H_2O \xrightarrow{\text{脲酶}} (NH_4)_2CO_3$$

尿素水解过程可使局部土壤 pH 和 NH_4^+ 的浓度升高，易产生氨挥发，在表施或浅施的情况下，尤为严重。

$$(NH_4)_2CO_3 \Longrightarrow 2NH_3 \uparrow + CO_2 \uparrow + H_2O$$

科学家们提出了加入脲酶抑制剂以延缓尿素水解速率的设想。已经开发出的脲酶抑制剂种类也很多，如苯磷二酰胺（PPD）和 N-丁基硫代磷酰三胺（NBPT）、0-三氯乙基磷酰二胺（TPD）、二乙基磷三胺（EPT）、二甲基磷三胺（MPT）、N-磷二胺己环己胺（DPC）、N-苄基-N-甲基磷三胺、环己基磷酰三胺（CHPT）和氢醌等。但它们抑制尿素水解的效果受到许多因素的影响。在田间试验中其增产效果一般为 5%～10%。此外，国内研制出的涂层尿素，在田间试验中也表现出一定的增产效果，其机制是该涂料延缓了尿素的水解。

3. 表面膜的使用

科学家们已把用于控制水分蒸发的表面膜技术移植到减少水田氨挥发，并已取得了成效。这种表面膜一般是用 16 烷醇或 18 烷醇做主体材料，加上一种乳化剂一起加入稻田田面水的表面，覆盖上一层分子薄膜。试验证明，它能显著减少稻田的氨挥发，增加稻谷的产量。

（三）缓释氮肥的开发与使用

所有化学氮肥都是速效性的，尿素进入土壤后也很快转化为铵态氮，也是速效性的。从施肥的目的出发，人们总希望加到土壤中的氮肥能源源不断地供给农作物的需要，而损失量越小越好。这就要求做到土壤中的 NH_4^+ 和 NO_3^- 的浓度只要能满足农作物的需要就行，尽可能避免土壤中存在过量的铵态氮和硝态氮。因为它们的浓度过高，氨挥发和硝化—反硝化损失量就高。因此，科学家们就提出了制造缓释氮肥的想法。目前研制的缓释肥料，主要是一种包膜肥料，通过一定的工艺流程，在现有的主要氮肥品种尿素和碳酸氢铵的外面包上一层半透明性的薄膜，由于包了一层膜，它进入土壤后不是全部立刻溶解，而是缓缓释放出氮素供作物吸收利用。与常规氮肥相比，缓释氮肥能使土壤或田面水中的可溶性氮的浓度保持在一定水平，从而减少氨挥发和硝化—反硝化损失。常见的包膜氮肥有钙镁磷肥、碳酸氢铵和用硫黄做包膜的硫衣尿素。但硫衣尿素成本高，在大田中广泛应用目前还存在一定难度。

另外，缓释肥料除了要达到减少氮素损失的目的外，还要能满足作物不同生育期对氮素营养的需求，不影响作物生长，不影响产量。现在有的单位已根据不同作物品种的生育期、当地的作物生长季的温度等环境因素，研制了供作物生长季使用的缓释氮肥。缓释氮肥除了能缓慢释放有效性氮肥外，还能减少施肥作业，节省劳力，因为缓释肥料都是作为基肥一次性施用，而普通氮肥至少分基肥和1～2次追肥分次施用。科学家预期，随着科学技术的进步，研制出理想的缓释氮肥的前景是光明的。

参 考 文 献

［1］朱兆良，邢光熹. 氮循环——攸关农业生产、环境保护与人类健康［M］. 广州：暨南大学出版社，2010.

［2］王红旗，鞠建华. 城市环境氮污染模拟与防治［M］. 北京：北京师范大学出版社，1998.

［3］刘杏认. 大气氮沉降对内蒙古草甸草原主要碳氮过程的影响［M］. 北京：中国农业科学技术出版社，2017.

［4］蔡祖聪. 中国氮素流动分析方法指南［M］. 北京：科学出版社，2018.

［5］孙敏. 黄土高原旱地小麦氮素吸收转运和产量、品质形成的研究［M］. 北京：中国农业出版社，2013.

［6］徐国良，莫江明，周国逸，等. 土壤动物与 N 素循环及对 N 沉降的响应［J］. 生态学报，2003，23（11）：2453－2463.

［7］李云红，陈瑶，邵英男. 浅析氮沉降对森林土壤的影响［J］. 黑龙江科技信息，2017（13）：278.

［8］佘汉基，薛立. 森林土壤酶活性对氮沉降的响应［J］. 世界林业研究，2018，31（1）：7－12.

［9］苏棋. 浅析大气氮沉降的基本特征与监测方法［J］. 企业技术开发，2018，37（4）：98－100.

［10］Hellsten S，Dragosits U，Place C J，et al. Modelling the spatial distribution of ammonia emissions in the UK［J］. Environmental Pollution，2008，154（3）：370－379.

［11］Walker J，Spence P，Kimbrough S，et al. Inferential model estimates of ammonia dry deposition in the vicinity of a swine production facility［J］. Atmospheric Environment，2008，42（14）：3407－3418.

［12］朱松梅，李放，张丽兵，李杨思琦，袁子健，宋彦涛. 氮沉降对车前叶绿素和生物量的影响［J］. 绿色科技，2018（4）：12－13，17.

[13] 杨长青，朱艳，蔡卫红，张林. 氮沉降对中国森林土壤 CO_2 通量的影响 [J]. 四川林业科技，2018 (1)：82－86.

[14] 刘延坤. 浅析氮沉降对森林生态系统碳水关系的影响 [J]. 建材发展导向，2017，15 (11)：319.

[15] 程建伟，刘新民，郝百惠，张芯毓，张宇平，马文红. 氮沉降对内蒙古典型草原地表节肢动物的影响 [J]. 生态学杂志，2017，36 (8)：2237－2245.

[16] 张丹丹，莫柳莹，陈新，张丽梅，徐星凯. 氮沉降对温带森林土壤甲烷氧化菌的影响 [J]. 生态学报，2017，37 (24)：8254－8263.

[17] 李云红，张宇，刘延坤，陈瑶，邵英男. 大气氮沉降对森林土壤碳库的影响 [J]. 林业勘查设计，2017 (1)：87－88.

[18] 沙丽清，郑征，冯志立，等. 西双版纳热带季节雨林生态系统氮的生物地球化学循环研究 [J]. 植物生态学报，2002，26 (6)：689－694.

[19] 祁瑜，Mulder J，段雷，黄永梅. 模拟氮沉降对克氏针茅草原土壤有机碳的短期影响 [J]. 生态学报，2015，35 (04)：1104－1113.

[20] 于雯超，宋晓龙，王慧，赵建宁，赖欣，杨殿林. 氮沉降对草原凋落物分解的影响 [J]. 农业资源与环境学报，2013，30 (06)：14－19.

[21] 李英滨，李琪，杨俊杰，吕晓涛，梁文举，韩兴国. 模拟氮沉降对温带草原凋落物质量的影响 [J]. 生态学杂志，2016，35 (10)：2732－2737.

[22] 李二琴. 氮沉降背景下不同碳输入方式对温带草原土壤细菌群落多样性和组成的影响 [D]. 长春：东北师范大学，2014.

[23] 沈建林. 华北平原农田区域大气活性氮浓度及其干沉降输入 [D]. 北京：中国农业大学，2009.

[24] 张颖. 中国不同区域大气氮沉降的监测及华北大气氮沉降的模拟 [D]. 北京：中国农业大学，2009.

[25] Chang Y. China needs a tighter PM2. 5 limit and a change in priority [J]. Environmental Science & Technology，2012，46 (13)：7069－7070.

[26] 刘学军，张福锁. 环境养分及其在生态系统养分资源管理中的作用：以大气氮沉降为例 [J]. 干旱区研究，2009，26 (3)：306－311.

[27] 刘文竹，王晓燕，樊彦波. 大气氮沉降及其对水体氮负荷估算的研究进展 [J]. 环境污染与防治，2014，36 (05)：88－93，101.

[28] 骆晓声，石伟琦，鲁丽，等. 我国雷州半岛典型农田大气氮沉降 [J]. 生态学报，2014，34 (19)：5541－5548.

[29] 荣海，范海兰，李茜，等. 模拟氮沉降对农田大型土壤动物的影响

［J］．东北林业大学学报，2011，39（01）：85－88.

［30］毛晋花，邢亚娟，马宏宇，王庆贵．氮沉降对植物生长的影响研究进展［J］．中国农学通报，2017，33（29）：42－48.

［31］薛璟花，莫江明，李炯，李德军．土壤微生物数量对模拟氮沉降增加的早期响应［J］．广西植物，2007，27（2）：174－179.

［32］宋欢欢，姜春明，宇万太．大气氮沉降的基本特征与监测方法［J］．应用生态学报，2014，25（02）：599－610.

［33］郑丹楠，王雪松，谢绍东，段雷，陈东升．2010年中国大气氮沉降特征分析［J］．中国环境科学，2014，34（05）：1089－1097.

［34］常运华，刘学军，李凯辉，吕金岭，宋韦．大气氮沉降研究进展［J］．干旱区研究，2012，29（06）：972－979.

［35］薛璟花，莫江明，李炯，方运霆，李德军．氮沉降对外生菌根真菌的影响［J］．生态学报，2004，24（8）：1785－1792.

［36］徐国良，周小勇，周国逸，莫江明．N沉降增加对森林生态系统地表土壤动物群落的影响［J］．中山大学学报（自然科学版），2005，44（增刊）：213－221.

［37］吕若菲，魏存争．氮沉降对土壤动物影响的研究进展［J］．沈阳师范大学学报（自然科学版），2017，35（2）：185－188.

致　谢

本书的顺利出版，首先要感谢河北优盛文化传播有限公司和东北师范大学出版社，是在他们一步一步的指导和修改下完成的，没有他们的帮助和支持，就没有本书的顺利出版和发行。本书的顺利出版，离不开玉林师范学院的全体校领导、科研处、农学院的支持和帮助，谢谢你们，给我们提供充足的时间和精力来完成本书。

本书的出版，获得国家自然科学基金（编号：31760153）西南喀斯特山地森林土壤甲烷与氧化亚氮通量对氮沉降的响应、广西高校农业硕士点培育项目、广西高校特色专业建设专项经费、玉林师范学院重点学科建设经费等的资助，在此表示感谢！

在撰写和修改方面，为本书顺利出版做出重要贡献的还有黄维博士、刘召亮博士、朱宇林博士、张玉博士、刘强博士、牛俊奇博士、任振新博士、吕其壮博士等，在此一并致谢！